NF文庫
ノンフィクション

なぜ日本陸海軍は共に戦えなかったのか

確執の根源に迫る

藤井非三四

序章にかえて　反省なき人たち

市ケ谷の台上から焼け跡をながめながら、陸軍の軍人は、「陸軍は右手で海軍と戦い、左手で米軍と戦ったようなものだから、勝てるはずがない」と愚痴りあったという。また、ある高名な提督はポツダム宣言受諾の報を聞き、「あー米軍に負けてよかった、陸軍でなくて……」と、ふともらしたとも伝えられている。三〇〇万人もの死、そして寡婦の涙と飢えに泣く幼児、眼前に広がる焼け跡、それらを前にしてまったく反省の色すら見られないとは、啞然とさせられる。これは未曾有な敗戦の衝撃で茫然自失となり、つい口にした妄言と思いたいが、じつはそれが本音だったようだ。それほどまでに陸軍と海軍の確執は激しかった。

昭和二十五（一九五〇）年八月から始まった日本の再軍備もそれなりに進展し、陸上の保安隊と海上の警備隊を改組し、加えて独立した航空部隊をあらたに編成し、陸海空三自衛隊が発足したのが二十九年七月だった。これに先立ち、編成の母体がない航空自衛隊の基幹要員を集めるため、保安隊と警備隊それぞれにさしだす人員数を割り当てた。保旧陸軍の軍人が主体の保安隊は、ほぼ割り当てられた人員の割愛に応じた。ところが、警備隊がさしだした人員は、予定の六割にも満たない。なぜ航空自衛隊に行きたくないのか。「自分は海軍だから入隊した。空軍など興味もない」「ネイビーブルーの制服を着つづけたい」。世間では、これをわがままという。ところが警備隊のなかには、「それぞ海軍の軍人」「海軍魂、いまだ死せず」ともてはやす雰囲気があったのだから言葉を失う。

それでいて、警備隊の旧海軍軍人は航空幕僚長の椅子を保安隊と争う。どちらがなってもひと波乱がおきると見られ、文官で保安庁官房長だった上村健太郎を急ぎ制服に転換させて、初代航空幕僚長とした。幕僚副長と装備部長は海軍兵学校出身、監理部長は通産官僚出身、人事部長と防衛部長は陸軍士官学校出身と高級人事はモザイク模様となった。こうでもしないと陸軍と海軍の旧軍人が鋭く対立して、航空自衛隊は飛び立つまえから空中分解しかねなかった。これでは太平洋戦争中とおなじこと、苦い戦訓を噛み締めていないといえる。

そして第二幕は、地対空ミサイルの争奪戦だ。昭和三十七年度を初年度とする五ヵ年計画の第二次防衛力整備計画（二次防）で目玉となったのが、地対空ミサイルのナイキとホークの導入だった。陸上自衛隊も、航空自衛隊もこのミサイル両方を装備したいとしていた。この計画が策定されたときの統合幕僚会議議長は旧内務官僚出身、陸上幕僚長は旧陸軍出身、航空幕僚長は旧海軍出身だったが、三人そろって紳士として知られていた。ところが組織を背負えば、紳士づらしてもいられない。会議が紛糾すると、どちらも灰皿を振りあげての激論となった。いや、本当に灰皿を投げつけたという話も残っている。

どうなることかと思われたが、この種の調停には慣れている旧内務官僚の統合幕僚会議議長は、ナイキは空、ホークは陸との仲裁案を示して双方を納得させた。大岡裁きのような話にせよ、軍事的な合理性は無視された。ナイキとホーク、ともに野戦防空用のミサイルで、このふたつが組み合わさって、はじめて戦場に濃密な防空網を構成できる。それをなんでも平等と分割してしまうのだから、これまた太平洋戦争の教訓がいかされていない。

どちらも高価な装備だが、航空自衛隊は弱音も吐かずに運用しつづけ、ナイキをパトリオットに更新して「北朝鮮の弾道ミサイルなど撃ち落としてみせる」と意気軒高だ。ところがいつも台所が苦しい陸上自衛隊は、「こんな金食い虫と知っていれば、航空さんに譲ったのに」と泣きを入れたこともあったようだ。

後日談はともかく、旧陸海軍の対立という埋もれ火が、ミサイルの噴射でまた火柱がたったということになる。この埋もれ火が完全に灰になったのは、平成二（一九九〇）年に陸海空の三幕僚長に防衛大学校出身者がそろったときだったようだ。旧陸海軍のあいだの確執は、その組織が消滅してからも半世紀近くつづいたということになる。

二〇一〇年三月

藤井非三四

なぜ日本陸海軍は共に戦えなかったのか——目次

第四章　ともに歩んだ戦争への道

第五章　大勝利の裏に崩壊の芽

第六章　陸海軍の確執がもたらした壮大なる破綻

なぜ日本陸海軍は共に戦えなかったのか

第一章　「陸の長州」「海の薩州」

薩州の大提灯　芋蔓状の社会
長州の小提灯　旺盛な自己顕示欲

◆遺恨三〇〇年、水と油の薩長

陸軍と海軍といった軍種のあいだのいがみあいは、程度の差こそあれ、どの国でも語られている。平時は予算の争奪戦を演じ、戦時は手柄の取りあい、責任のなすりあいとなるのが常だから、仲よくしろというほうが無理なのか。ともに戦争という社会現象に対処する組織であっても、戦う場や面が異なるのだから、当然のこととして作戦教義（ドクトリン）はちがってくる。そうなると陸と海のあいだに対話がなされず、そこでまた亀裂が大きくなる。ただ適度な対抗意識は、よい意味での競争を生み、双方の精強化に寄与する場合もあるだろう。米軍の場合、陸軍と海兵隊が並列して戦うと、双方の長所が引き出されて良い結果となるとも語られている。

それにしても戦前の日本陸海軍の場合、その関係は対立どころか確執、いがみあいとしか表現できないものだった。とにかく、すぐに感情的になるのだから処置なしだ。「話の趣旨はもっともだが、陸軍の提案だから反対だ」「海軍だけには頭をさげない」とまで面と向かって言い放つのだから、日本人に根強くある縄張り根性だけでは説明できない。海軍の陸戦隊と陸軍の部隊が戦場で顔を合わせると、すぐさまトラブル、機関銃を向けて威嚇しあうという不祥事すら起きていた。

どうしてこうなったのか。「陸の長州」と「海の薩州」で始まったのだから、当然の帰結とする人もいる。しかも、この毛利勢と島津勢の確執は、講談じみるが遺恨三〇〇年、慶長五（一六〇〇）年の関ヶ原の合戦にまで溯る。はたから見れば、西軍敗北の責任のなすりあいだが、当事者にとっては武門の誉れがかかる問題であり、しかも利害損得がからんでいるから、昔話ですまされない。

毛利勢の言い分ではこうなるだろう。島津義弘（惟新）の手勢は一五〇〇と寡兵だったが、合戦中は戦意は示さず、戦況を傍観するばかり。勝敗が決まってから、島津勢は火の玉となって敵中突破し、さすがは薩摩隼人と語られたが、敗走したことにはちがいない。それなのに戦後はうまく立ちまわり、薩摩、大隅の五六万石は安堵された。ところが毛利勢は、安芸と広島の一二〇万石は没収され、周防と長門、いわゆる防長二州の三七万石に押し込められた。幕府にも遺恨があるが、うまいことやった島津勢も許せないとなる。

もちろん島津勢にも言い分はある。西軍総大将の毛利輝元は大坂に止まり、関ヶ原に出陣しないとはなんだというのも正論だ。戦さ巧者として知られた島津義弘の意見に耳をかさず、下策ばかりだから負けて当然。しかも、豊臣家からの養子が当主にせよ、「毛利の両川（小早川と吉川）」の小早川勢が寝返ったから勝負が決まったのではないか。それなのに島津勢についてあれこれいうのは、逆恨みというしかない。毛利家に三七万石が残っただけでもありがたく思えとなるだろう。江戸時代を通して、たがいにおもしろくない気持ちをいだいていた毛利藩と島津藩だったが、両者の思惑が一致して薩長連合が形になり、討幕を成功させた。これで関ヶ原以来の遺恨が消えたかに見えるが、ことはそう簡単ではない。

毛利藩は当初から討幕の旗幟を鮮明にして、二回にわたる長州征伐を耐え抜いた。理屈をこねるのが好きな土地柄だから、己の言動に責任を取るのが長州人ということなのだろう。その一方、島津藩は将軍家と婚姻関係をむすんだり、公武合体路線に走ったりと迷走のすえに薩長連合に行き着いたと総括できよう。薩摩隼人とか、ひと太刀のみの示現流とはいっているが、ここ薩摩は策士を生む風土なのだ。西郷隆盛はあの風貌で覆い隠していたが、ずば抜けた策謀の達人だった。大久保利通、その次男の牧野伸顕は策士というほかない。そのあたりを熟知していた一五代将軍の徳川慶喜は、毛利藩には恨み言を口にしなかったが、島津藩には不快感を終生隠さなかったと伝えられている。

「水と油の薩長」と称したが、実はよく似た面もある。そのひとつがすぐ過激になるということだ。毛利藩士の場合、あれこれ議論しているうちに興奮し、暴挙とも思える行動に出る。文久二（一八六二）年十二月、高杉晋作、久坂玄瑞らによる品川の御殿山にあったイギリス公使館焼き打ち、翌年五月、馬関海峡でのアメリカ商船砲撃などは、攘夷の論争が行き過ぎた結果の暴挙だった。島津藩士の場合、論議は抜きで、とにかく大物を中心にまとまり、すぐに走りだす。いわゆる「薩摩の大提灯」といわれる行動様式だ。文久二年八月の生麦事件に始まるイギリスとの騒動、そして結末は明治十年の西南戦争だ。長州とは動機や背景などはことなるものの、結果は同じだ。

平均的な日本人像はこうだとはいえないにしろ、この薩長の人は、日本人離れしているように感じてならない。どうしてそうなるのかと考えると、明治維新をリードしたからそう思われる面もあろうが、薩長の人は自己顕示欲が旺盛で、上昇志向が過剰と感じる。これが陸海軍に及ぼした影響は大きいと思う。そしてこの似たような性格なため、薩長のあいだに近親憎悪的な感情が生まれ、さらには難解な鹿児島弁の壁があり、まともにコミュニケーションがとれない、その結果として陸海統合ができなかったというのは考え過ぎだろうか。ちなみに、陸軍大将一三四人中、山口県出身者は一九人、続いて鹿児島県一四人、福岡県七人となっている。海軍大将は七七人中、鹿児島県出身者は一七人、佐賀県六人、四人は広島県、岩手県、福井県、東京府となっている。

◆「海主・陸従」から「陸主・海従」へ

薩長土肥の武力を背景に慶応三（一八六七）年十二月、京都において王制復古の宣言がなされた。これはさまざまな側面から語られるが、軍事的には建久三（一一九二）年七月に後鳥羽天皇が源頼朝を征夷大将軍に任じ、兵馬の権すなわち国軍の統帥権を委譲したが、それを還収したということだ。

六五〇年ぶりに統帥権を握った朝廷だが、指揮する部隊がない。錦の御旗を掲げての戊辰戦争だったが、国軍としての作戦行動ではなく、統一指揮のもとの各藩連合軍でもなかった。

討幕軍というものは、今日でいうところの有志連合（コアリッション）であり、複数の命令系統を有する協同作戦を展開していたことになる。幕府を倒して任務完了と各藩の部隊が帰国して以前のようになれば、維新は有名無実なものとなる。そうさせないためにはまず中央の体制づくりということで、明治元（慶応四、一八六八）年一月に三職七課の制度を定めて、岩倉具視が海陸軍総督、西郷隆盛が海陸軍務係となった。

どうして語呂のわるい「海陸軍」としたかだが、これにはふたつの理由があった。まずは徳川幕府の軍事力整備方針を踏襲したことによる。文久二（一八六二）年、幕府は軍制改革を実施し、軍事力の整備順位を海防重視から海軍を第一、陸軍を次等とした。予算配分は七対三だった。明治政府もこの路線を引き継ぐこととなる。明治二年九月、集議院（のちの枢密院と政府の合同会議のようなもの）での御前会議でこの方針が確認されている。

西郷隆盛

またひとつの理由は、現実の問題からきている。慶応四年三月末、島津藩、鍋島藩（佐賀）、有馬藩（久留米）の藩兵を乗せた三隻の軍艦が横浜に入り、幕府の軍艦「観光」「富士山」「翔鶴」「朝陽」を接収し、これを新政府の保有艦とした。当面、明治政府の保有する武力といえるものは、この四隻の軍艦だけだった。この現実からすれば、「海陸軍」とせざるをえない。この経緯から海軍は、最初の天皇の軍隊は自分たちだとし、それを最後まで誇りとしてこだわることになる。

明治四年二月、島津藩、毛利藩、山内藩（高知）の三藩から兵員、装備をさしださせて歩兵大隊九コ、砲兵隊二コ、騎兵小隊二コ、兵力計一万人の御親兵を編成した（明治五年三月に近衛隊と改称、七年一月に近衛歩兵第一連隊、同第二連隊などに改組、二十四年十二月に近衛師団）。これで明治政府は、陸上と海上の武装集団を保有することとなった。この武力を背景として、明治四年七月に廃藩置県を断行した。つづいて翌五年一月、銃砲取締規則を定め、各藩が保有している火砲を政府に還納させ、国がただひとつの重武装集団であることを確立させた。明治九年三月には廃刀令がだされ、一般国民も武装解除された。

陸上戦力が充実したため、明治五年一月の官制改定で兵部省での優先順位が変わり、「陸主・海従」とされ、呼称も「陸海軍」となった。そして同年二月、兵部省が廃止され、代わって陸軍省と海軍省が設けられ、軍政上は二元化された。これらの施策は、徴兵制度を設けて、名実ともに国軍にすることを模索した結果だった。明治六年一月に徴兵令が布告された。徴兵制による国軍となれば、兵員数の面からだけでも陸軍が中心となり、そのため「陸海軍」という呼び方になったわけだ。

「海陸軍」と呼ばれていたのは短いあいだだったが、慣れとはおもしろいもので、明治八年ごろまで「陸海軍」はあまり使われなかったという。とにかくどちらでも同じことで、語呂がよいほうを選ぶべきと思うが、先かあとかで優先順位を意味するかのように感じられるため、海軍の軍人はこの「陸海軍」という呼び方が気にいらない。海軍としては、建軍当初のように「海陸軍」としてもらいたいところだが、とにかく陸軍と対等に扱われないと納得しない。そんな意識が陸海軍の心からの統合をさまたげ、ついには確執としかいえない対立関係をもたらしてしまった。

徴兵制度そのものも大きな波紋をまきおこした。西南戦争などさまざまな事件のひとつの原因となったことは広く知られている。また陸軍と海軍のあいだの亀裂を大きくしたことも指摘しておきたい。鎌倉時代以来、軍事は侍の専権事項という固定観念があったから、急に国民皆兵となれば問題が生じる。「百姓町人風情が軍人とは笑止のいたり」「一緒に鉄砲をかつぐのはごめんだ」という意識が士族階層にはある。しかし、どこでもそういった思潮ではなかった。和歌山の徳川藩、高知の山内藩では、明治にはいるとすぐに、武士だからといって役職を世襲させないで、事務系の役方はもちろん、武力系の番方も農工商の階層に開放していた。

もっとも開明的だったのは毛利藩だった。奇兵隊を創始した高杉晋作は、「これからの戦闘は、一個人の格闘力は問題ではない。元気で体格のよい者ならば、百姓町人でも鉄砲を持たせて団体訓練をすれば十分に役立つ」と書き残している。これに大村益次郎が理論付けして、山県有朋が引き継ぐ。毛利藩の主流派はもちろんのこと、柳川の立花藩の曽我祐準、島津藩の川村純義や西郷従道もこれを支持して、国軍の大方針となった。

もちろん徴兵制度に反対する勢力もあり、島津藩がその中心だった。そして「海の薩州」だから、海軍は選ばれし志願兵という意識になる。さらに陸軍よりも複雑な技術を習熟しなければならないのが海軍だから、質の高い兵員をということにもなる。こういうことから軍務は広く国民のものとする開明的な思考が陸軍に生まれ、海軍に入ることは特権なのだというエリート意識から、海軍は伝統墨守に傾く。

◆陸海で異なる兵制を採用

日本は開国以来、急いで近代軍を育てるため、軍事先進各国の兵制を模倣するしかなかった。ところが、陸軍と海軍とでは手本とする国が異なったため、相互理解をさまたげ、それが陸海軍が対立する遠因になったことは否定できない。

徳川幕府は、陸海軍ともにフランス式の兵制をとっていた。各藩はこれにならっていたかと思えば、そうではなかった。開国した日本には各国の武器が流れ込んできた。武士たる者は商人相手に値切るということはせず、相手の言い値で買い上げるから、武器商人にとってこれほど都合のよいマーケットはない。そんな事情から各藩は、まちまちの装備となり、兵制もそれぞれちがったものになった。

主要な藩を見ると、高知の山内藩、彦根の井伊藩、米沢の上杉藩、山口の毛利藩がフランス式、鹿児島の島津藩、佐賀の鍋島藩、岡山の池田藩、名古屋の徳川藩、熊本の細川藩がイギリス式、水戸の徳川藩、福岡の黒田藩がオランダ式、和歌山の徳川藩はドイツ（プロイセン）式だった。徳川宗家と御三家の兵制がまちまちだったことからも、当時の混乱を物語っている。これでは国軍として訓練ができない。そこで明治三（一八七〇）年十二月、各藩常備兵編成定則によって、海軍はイギリス式、陸軍はフランス式と定めた。

海軍がイギリス式の兵制にしたのは、世界の趨勢にしたがったまでのことだ。ただ、造兵面ではフランス式が色濃く残り、最後までメートル法を採用し、ポンド・ヤード法ではなかった。そのため戦艦「大和」の主砲は口径四六センチで、一八・一インチという半端な数字となった。アメリカの航空機エンジンをライセンス生産するにしても、寸法を細かく換算するという厄介な作業が必要だった。

陸軍は徳川宗家のフランス式を踏襲した。戊辰戦争で最大の兵力をさしだした島津藩、後装式のアームストロング砲とスナイダー小銃を装備して最大火力を誇った鍋島藩、ともにイギリス式の兵制だった。そもそも討幕軍の背後にいたのはイギリスだった。それなのにどうしてフランス式にしたのだろうか。当時、フランス陸軍は世界最強といわれていたから、それに学んでいればまちがいないとなったのだろう。そして、幕府とフランスとのあいだの軍事顧問に関する契約もからんでいる。さらには、語学をはじめ系統だった教育を受けている幕臣の手助けが不可欠だったことも関係している。

さまざまな事情があったにせよ、陸軍もイギリス式の兵制にしていれば、海軍と同じ外国語を学んだという点からだけでも融和がはかられたはずだ。しかし、一八五〇年代のイギリス陸軍の兵制は、摩訶不思議なものだった。歩兵と騎兵は王権のもとにあり、砲兵と工兵は議会の権限下にあった。そして補給全般は蔵相の責任とされていた。この複雑な組織なため、クリミア戦争（一八五三〜五六年）で苦戦した。その反省から、まず軍政面を一括して陸軍省のもとに入れ、ついで軍令面も陸相ひいては議会のもとに入れる施策が進んでいるころが、ちょうど日本の幕末から維新のころとなる。変革中だったから、見習うものがなかったのだろう。またイギリス陸軍は、基本的には郷土軍で有力な貴族の私兵的な色彩すらあった。これを見習うと、三百余州の昔にもどりかねないので、イギリス兵制を採らなかったのかもしれない。

陸軍もイギリス式の兵制を導入していれば、海洋国家としてあるべき陸軍と海軍の関係が築けただろう。イギリスのグランド・ストラテジーは、シーパワーをもって大陸勢力を包囲し、緊要な場所に陸上戦力を投射（パワープロジェクション）して国益を確保するというものだ。これを長年にわたって実践してきたから、イギリスの陸軍と海軍のあいだには、「しっかり支えてくれ」「支えるからしっかりやってくれ」という気風が定着している。だからこそ一九四〇（昭和十五）年五月から六月にかけてのダンケルク撤収、四一年五月のクレタ撤収のような困難な統合作戦をやってのける。この海洋国家という点からすれば、日本はイギリス式の陸軍に育てるべきだったといえよう。

◆佐賀の乱と西南戦争の後遺症

あらためて語るまでもないが、徳川幕府を倒しての明治維新は、薩長土肥の協同作戦によって達成された。まず幕府と毛利藩とが対立し、そこに島津藩と山内藩が加わって勤皇色を鮮明にし、鍋島藩が戦闘加入して大勢が定まった。この四つの藩がたがいに牽制しつつも、一応の協調関係を保って陸軍、海軍の建設を進めていれば、日本軍の姿もかなりちがったものになっていただろう。すくなくとも「陸の長州」「海の薩州」といわれるほどの寡占状態にはならず、対立関係が不可避だとしても、いくぶんかは緩和されただろうし、確執といわれるまでにはいたらなかったはずだ。

ところが、まず土佐が脱落する。幕末、土佐の山内藩は勤皇と佐幕の抗争が激しく、そのため人材が払底し、ひとつの勢力とはなれなかった。そのうえ、坂本龍馬が暗殺され、板垣退介が政界に転身し、谷干城が早くに陸軍を去り、さらに山地元治が早世した。それでも土佐は薩摩と並ぶ尚武の土地柄、武窓に進むものも多く、陸軍大将を四人、海軍大将を三人生んだ。これはたいしたものだが、高知県の人は派閥性がないようで、同郷の大将を囲んで一つの勢力を構成することはしない。

そして、つぎは肥前の脱落だ。明治七（一八七四）年二月、佐賀の乱が起きて軍だけでなく政界、学界にあった佐賀県人が全滅する。これで鍋島藩が培ってきた技術重視の姿勢、陸軍と海軍をバランスよく整備する気風が薄れてしまった。それでも元来、士族の多い地域のうえ、佐賀の乱の恥辱をそそぐということか、佐賀県は有為な人材を陸海軍に送りつづけていた。藩校として知られる弘道館の後進、佐賀中学は海軍兵学校の合格者を多くだすことで知られていた。その結果、人口的には九州最小の県なのだが、終戦までに海軍大将五人、陸軍大将四人も輩出している。

それでも佐賀県出身者は、陸海軍の中枢を占めるにはいたらなかった。それが不満だったのか、佐賀県人はさまざまな事件に関与している。昭和七（一九三二）年の五・一五事件に関与した海軍士官の一〇人のうち四人までもが佐賀県出身だった。昭和十一年の二・二六事件では、刑死した一九人のうち佐賀県出身は四人だった。これは偶然ではすまされず、「佐賀の乱、遺恨半世紀」と見るべきなのだろうか。

明治十年二月から九月までの西南戦争は、まさに内戦で佐賀の乱などとは比較にならないほど深刻な影響を軍に及ぼした。この事件は、征韓論に端を発した突発的な出来事ではない。維新となってすぐから、新政府に反旗を翻すのは西方士族、その中核は島津藩士だと語られていた。明治六年一月の徴兵令に西方士族は強く反発したことから、この予測は確信となった。それは陸軍の鎮台、海軍の鎮守府の配置からもうかがえる。

明治四年四月、石巻に東山道、小倉に西山道とふたつの鎮台がおかれた。つづいて同年八月、東京、大阪、鎮西（小倉）、東北（仙台）の四鎮台となる。そして明治六年一月、名古屋と広島が加わって六鎮台となった。連隊などの配置は［表1］のとおりで、この態勢で西南戦争を迎える。海軍は明治七年十月、横須賀の大津に第一提督府、鹿児島に第二提督府をおくこととしたが、これは実現しなかった。明治九年八月、東海鎮守府を横浜に、西海鎮守府を長崎におき、これで西南戦争に対応することとなった。

これら鎮台、鎮守府の配置を見れば、戦力を西方にシフトさせる戦略を採っていることは明らかだ。熊本を前進拠点とし、反政府軍がここを突破しても関門海峡で阻止する。戦力の策源地は大阪で、広島を中継点とする瀬戸内海航路を使って陸上戦力を西送する。海軍力によって陸上戦力を投射するという構想は、イギリスの大戦略そのものだ。

［表1］　**6鎮台、歩兵部隊の配置**（明治9年末現在）

近衛
　近衛第1聯隊（東京）、近衛第2聯隊（東京）
東京鎮台
　第1聯隊（東京）
　第2聯隊（ー）（佐倉）、第2大隊（宇都宮）、第3大隊（東京）
　第3聯隊（ー）（高崎）、第3聯隊第2大隊（新発田）、第3大隊（東京）
仙台鎮台
　第4聯隊（第3大隊欠）（仙台）
　第5聯隊（第2大隊、第3大隊欠）（青森）
名古屋鎮台
　第6聯隊（名古屋）
　第7聯隊（金沢）
大阪鎮台
　第8聯隊（大阪）
　第9聯隊（ー）（大津）、第3大隊（伏見）
　第10聯隊（ー）（姫路）、第3大隊（大阪）
広島鎮台
　第11聯隊（ー）（広島）、第3大隊（山口）
　第12聯隊（ー）（丸亀）、第3大隊（高松）
熊本鎮台
　第13聯隊（熊本）
　第14聯隊（ー）（小倉）、第3大隊（福岡）

明治十年二月、西郷隆盛を推戴する薩摩勢が挙兵、西南戦争となる。これに海軍は即応して関門海峡を中心に九州全土を海上封鎖して、騒乱の波及を防止しつつ、九州への戦力集中を支援した。熊本鎮台は籠城、増援部隊と西郷軍は田原坂で激闘とこれが西南戦争のハイライトだ。熊本城攻囲五〇日に及ぶが、そのときすでに海軍は鹿児島に上陸して弾薬製造所などを接収している。そして西郷軍の後方はまったく手薄なことを確認した政府軍は、長崎に集中していた部隊を熊本の八代に上陸させ、熊本城を攻囲している西郷軍の後背をついた。この八代に上陸した部隊が四月十五日に熊本城に入り、これで西南戦争の帰趨が定まった。

初代の陸軍大将は、明治六年五月に進級の西郷隆盛だ。ただ、この「大将」は階級というよりは「全軍の総大将」という意味合いだった。臣下でつぎの陸軍大将は、明治二十三年六月に進級の山県有朋だが、西郷隆盛との格のちがいは歴然としている。明治六年十月、征韓論の問題で西郷隆盛は一切の公職を辞して故郷に帰るまでは「陸海の薩州」だった。それが西南戦争の結果、西郷隆盛だけでなく、桐野利秋、篠原国幹、村田新八らも姿を消した。それでも大山巌、野津鎮雄と道貫兄弟、高島鞆之助ら薩摩出身の有力者は陸軍に残ったが、往時の勢いは失われた。

その一方、徴兵制との関連で長州勢が伸長した。戦力が疑問視されていた徴兵による兵員三万人で、勇猛で知られる薩摩士族が中心の西郷軍一万五〇〇〇人を撃破したのだ。これで徴兵制度の主唱者、西南役征討参軍（参謀長）の山県有朋の声望はいやがうえにもあがった。萩藩士の三好重臣は征討第二旅団司令長官で出征して負傷、長府藩士の福原和勝は別働第三旅団参謀長で戦死と、長州勢は身命を賭して勇戦したことも事実だ。また、連隊長から小隊長まで人材が連続していたことも長州勢の強みとなった。ここに「陸の長州」が確立することとなる。

西南戦争によって物心両面での打撃を受けた薩州勢は、軍でどうやって生きていくか。不思議なことだが、西郷軍に加わった海軍の軍人はごくわずかだった。そこでまずは、海軍の牙城を守り抜くことだ。人材の供給に不安が残るが、これまた同じような境遇にある佐賀勢と連帯する手もある。明治二十六年三月、陸軍中将の西郷従道は海軍中将に転じて海軍大臣に就任したが、そんな裏技もある時代だった。

陸軍に残った薩州勢は、どうやって勢力を維持するか。政治的なセンスと金銭感覚が鋭い長州勢と軍政分野で競争しても勝ち目はない。そこで軍令の分野で勝負しよう、勇ましさでは負けるはずがないと野戦指揮官として大成する道を探る。この薩州勢の努力が日清戦争、日露戦争で花開いた。しかし、負の置き土産もあった。陸軍において軍政の長州、軍令の薩州という住みわけが藩閥にとどまらず、その機能にまつわる対立関係に転化した。そこに軍政と軍令が一本化している海軍がある。この三つ巴が陸海軍の統合という問題を複雑にした。

◆フランス式からドイツ式兵制へ

幕府時代からの流れで、陸軍はフランス式の兵制で建軍を進めてきた。ところが一八七〇（明治三）年七月からの普仏戦争でフランス軍は敗北を喫した。とにかく開戦二ヵ月でナポレオン三世がセダンで捕虜になってしまったのだから、フランスの大敗といってよいだろう。そこで当然、敗戦国に学ぶより戦勝国を手本にすべきだとの意見が生まれてくる。それでも、「大村益次郎先生の遺訓を守るべき」との保守派もいただろうし、基本方針の変更は混乱を招くという意見ももっともだ。さらには日仏間の契約でフランスのお雇い軍人も来日しているから、これを打ち切ると外交問題に発展するおそれがあることを指摘する声もある。このような難問を解決したのが薩長連合だった。

長州藩士の出身で早くから山県有朋に目をかけられていた桂太郎は、明治三年八月、フランス留学に出発したものの、普仏戦争中でパリが陥落したため赴任できなくなった。そこで留学先をベルリンにして三年後に帰国したが、すぐにまた三年間、ドイツ公使館付武官としてベルリンで勤務した。都合六年ものベルリン駐在で桂はすっかりドイツ式の兵制、とくに独特の参謀本部の制度に傾倒した。習った外国語や留学先、駐在先の国に心酔するよくあるケースだ。そうでなくとも、プロイセン軍は普丁（デンマーク）戦争、普墺（オーストリア）戦争、そして普仏戦争と連続勝利で注目されていたから、これに学ぼうというのも自然な流れだった。

帰国した桂太郎は、よく知られたあの「ニコポン」（いつもニコニコしていて、人に会うと肩をポンと叩く癖）を武器に、ドイツの兵制に転換するよう説いてまわった。山県有朋はすぐに賛成し、フランス留学組の大山巖も基本的に賛意を示していた。両巨頭の同意があればすむほど単純な問題ではなく、理屈の多い実務レベルを説得するのがむずかしかった。とくに難物が鹿児島出身の川上操六だった。桂太郎は弘化四（一八四七）年、川上は嘉永元（一八四八）年の生まれと一歳ちがいで、薩州の川上、長州の桂とつねに雁行して軍歴を重ねてきたライバルだ。豪傑と知られた川上には、桂のニコポンも通じなく、二人は仲はしっくりしなかったという。

ところがこの二人、明治十七年二月からの大山巌陸軍卿を団長とする渡欧調査団で一緒になると、なにが機縁か肝胆あい照らす仲となった。そして帰国後、桂太郎少将が陸軍省総務局長（明治二十三年から軍務局長）、川上操六少将が参謀本部次長（明治四十一年から参謀次長）のとき、ドイツ式の兵制に転換するレールがひかれた。この転換の象徴的な出来事が、明治十八年にドイツ軍のクレメンス・メッケル少佐を陸軍大学校の教官に採用したことだった。

グース・ステップといわれるドイツ軍の分列行進からして硬直しており、「兵営のなかの国家」プロイセンを見習ったから、日本の陸軍は柔軟性にかけたのだという見方もあるようだ。そのうえ、明治憲法はドイツのものをモデルにしたから、日本は硬直した姿勢の国になったとする史観もあるだろう。

桂太郎

しかし、日本陸軍が鼓吹した攻勢至上主義、精神至上主義の本家は、フランス陸軍だった。それは日本よりも徹底していて、革命から生まれたからか極端なまでに過激だった。「攻撃は最良の防御」というのはフランス式の考え方だ。フランス陸軍のドクトリンには、「士気旺盛で精神力の強い者が勝つ」、そして「前進を続ける者は士気旺盛だ」、だから「前進する者が勝者となる」というものすらあった。

このような狂信的ともいえる軍隊を、ナポレオン・ボナ

パルトのような天才が指揮すると手がつけられなくなる。ナポレオンと戦った各国の将軍たちは、「狂った人には勝てない」とさじを投げていたが、プロイセンはなんとかなるはずと知恵をしぼった。その結論は、天才には衆知を集めて対抗する、狂信的な相手には合理的な思考を武器とするといったものだった。それがジェネラル・スタッフ＝一般幕僚、その集合体の参謀本部というシンク・タンクの創設だ。

それ以前にも各国軍には、スタッフ＝幕僚、参謀と呼ばれるものはあった。ただ、それは指揮官の意図を文書化したり、地図上に明示して具体化したり、それを伝達するのが任務とされていた。そのため、すぐに筆記に応じられるよう胸に鉛筆を吊っていた。それがきらびやかな参謀飾緒の始まりで、フランス式の軍隊によく見られる。

プロイセンが創始した参謀本部と一般幕僚の特色は、共同責任と独断専行の推奨にあった。たとえば軍団長の作戦命令には、その参謀長も責任を負う。これが共同責任だ。もし軍団長と参謀長の意見が一致しないまま作戦命令が発せられたならば、軍団参謀長はその経緯を直接、参謀総長に伝えることができる。また、高級司令部は作戦の大枠だけを示し、細部の計画立案は、下級司令部の参謀に任せる。指揮官が不在で緊急を要する場合は、参謀長が命令を下すことができる。これが独断専行だ。

参謀本部という組織をもうけて、それに大きな権限をあたえると、軍政系統と軍令系統がより厳密に二元化されることになる。参謀は参謀総長に直結しているとなれば、命令系統も二本あることになる。命令と隷属という関係が生まれると、人事権がなければ意味はないとなる。軍政系統の権威というものは、予算の執行権と人事権から生まれているが、参謀にかぎるとしても、その人事権を軍令系統に譲るとなると、これは大きな問題に発展する。これをどう調整していたかだが、ドイツ陸軍の場合、陸軍大学校の課程を修了した者は、独立した兵科の参謀科に属するとされ、ズボンに赤いストライプを入れて区別していた。参謀科の将校の人事は、あくまで陸軍総司令部の人事局が所掌していたが、具体的な命課は参謀本部の総務課が扱っていた。

日本陸軍の場合、参謀に限らず独断専行が推奨され、指揮官と参謀の共同責任についてはあまり言及されていない。また、ごく短い期間、参謀科として独立していたが、すぐに廃止された。陸軍大学校の課程を修了したかどうかは、右胸に付けた陸大卒業徽章（天保銭、昭和十一年五月廃止）で区別していた。陸大卒業者ばかりではないが、参謀適格者と認められると、その補職は参謀本部総務部庶務課が所掌していた。これで陸軍省のパワーが削られる結果となったが、軍政畑に生きる長州勢の桂太郎が主唱したというのもおもしろい話だ。

このモデルにする軍隊をフランス軍からドイツ軍に変えたのだが、技術が主体となる砲兵科と工兵科にはフランス色が色濃く残った。当時、フランスは技術の先端国だったから、これに追随するのは、海軍と同様に当然のことだった。ここに陸軍と海軍の共通点があったのだが、あくまで技術に限られているので、陸海統合にまで及ばなかった。陸軍でフランス派の元老といえば、工兵科出身で陸軍大臣、教育総監、参謀総長の三長官を歴任した上原勇作だ。彼は原書を読みこなし、旺盛な知識欲で知られていたが、宮崎県都城出身のためか、長州に反発し九州連合軍の薩肥閥を形成して、さまざまな問題を引き起こした。

西南戦争での戦訓のひとつに、軍政と軍令が一元化された中央組織には問題があるというものがあった。予算と人事が作戦に影響を及ぼすと、野戦軍の動きに支障をきたし、その行動の自由が阻害されるということだった。また政治がからむと、軍事機密が守りにくくなるという点も指摘された。そこに前述したフランス式からドイツ式に兵制が移る動きもからんでくる。

◆軍令機関の整備と陸海軍の立場

明治十一（一八七八）年十月、桂太郎が帰国した直後のことだが、陸軍省は参謀本部設置案を太政官に提出した。そして同年十二月五日、それまで陸軍省の外局だった参謀局が発展的に解消されて、参謀本部として独立することとなった。このときに定められた参謀本部の任務は、近衛、各鎮台の参謀部を統括し、帷幕（大将の陣営の意、帷幄に同じ）の機務（非常に重要な事務）に参画するというものだった。

明治十八年十二月、太政官制から内閣制に移行し、それまでの陸軍卿、海軍卿は、陸軍大臣、海軍大臣と呼ばれることとなった。ちなみに、初代陸軍大臣は大山巌、海軍大臣は西郷従道、ともに鹿児島県出身だった。この軍部大臣は、ほかの大臣と同じく行政機関の長官として天皇を輔弼することとなった。そのため軍部大臣は、現役の将官であっても身分は文官だとされた。明治十九年に入って陸軍次官、海軍次官のポストが生まれたが、これもまた身分は文官だとされた。陸軍省、海軍省の参謀長役がそれぞれの軍務局長となるが、これは武官の身分のままだった。

明治二十二年二月十一日に明治憲法が公布されるが、その前の内閣制では、参謀本部長（明治二十二年三月以降、参謀総長）が直接、天皇に上奏した事柄も、軍部大臣は総理大臣に報告しなければならないと定められていた。しかし、さらなる説明を求めたり、上奏した内容を停止させる権能は、総理大臣にないとされた。明治憲法が公布されるまえから、すでに統帥権は独立していたことになる。

軍令機関の整備は、明治十九年三月の参謀本部条例の改正によってさらに一歩進む。その条例第一条では、「参謀本部ハ陸海軍軍事計画ヲ司ル所……」とあり、帝国軍全軍の総参謀部という位置づけとなった。参謀本部長には皇族の将官がつき、参謀本部次長は陸軍と海軍から一人ずつ差し出す。各次長はそれぞれ陸軍部と海軍部を統括する。皇族の権威をもって陸海軍の統合を図ろうとしたわけだ。ちなみにこの改正時、参謀本部長は有栖川宮熾仁、次長は陸軍が福岡県出身の曽我祐準、海軍が鹿児島県出身の仁礼景範だった。

皇族のポストなのに参謀本部長という呼称は軽いということで、明治二十一年五月にこれを参軍とする参謀本部条例の改正が行なわれた。その第一条で、「参軍ハ帝国全軍ノ参謀長ニシテ皇族大、中将一名ヲ以テ之ニ任シ直ニ天皇陛下ニ隷ス」と定め、その立場をより明確なものとした。この改正時、それまでの陸軍部は陸軍参謀本部、海軍部は海軍参謀本部と呼ばれることとなったが、組織の内容そのものに変わりはなかった。

この参謀本部条例が改正された明治二十一年五月、鎮台条例が廃止されて師団条例が公布された。明治六年一月に改定された鎮台条例によれば、鎮台とは外敵の「寇賊」と政府転覆を図る「草賊」の両方に備える武装集団の最大単位とされた。西南戦争の結果、草賊に対する治安作戦の可能性はほぼなくなり、寇賊に対する軍備が主体となった。その最大単位が師団であり、それをもって外征軍に変身したとするのが定説のようだ。

それを否定するものではないが、師団改編は西南戦争の戦訓が大きく影響している。大阪や横浜から九州各地への海上輸送は、脅威がないのだから円滑なものだった。ところが海路端末から第一線までの陸上輸送が難渋をきわめた。政府軍には有力な輸送部隊がなく、その多くを民間の徴用に頼った。それがさまざま問題を起こしたし、戦費の多くをこれにあてなければならなかった。そこで自前の輸送力を整備する、すなわち補給幹線を警備する輜重兵、輸送にあたる段列、行李という部隊をとなる。それはすなわち「分割して作戦可能な単位」としての師団という部隊になる。

このように陸軍は近代的な運用の時代に入ったが、海軍は艦艇を整備する時代、すなわち戦力をそろえる段階にあった。そこで以前の建軍方針「海陸軍」「海主陸従」にできないものかと模索する。そこでまず海軍は、海軍の軍令機関が陸軍に併呑されているような形から脱却を図った。まず、海軍の軍令組織は簡単なものだから、海軍大臣の下に入れても不都合ではないとした。そして明治二十二年三月、海軍大臣の下に海軍参謀部をもうけて軍令面で独立し、かつ軍政と軍令が一元化した組織にもどることとなった。この海軍の組織の改編に応じて参謀本部条例も改正され、参軍は参謀総長と改称されたが、帝国陸海軍全体の幕僚長としての地位に変わりはなかった。

　ところが明治二十六年五月、海軍参謀部が海軍大臣の下から離れて海軍軍令部として独立すると、それまでの陸海軍の統合が揺らいでくる。海軍軍令部条例第二条には、「海軍大将若クハ海軍中将ヲ以テ海軍軍令部長ニ親補シ天皇ニ直隷シ帷幄ノ機務ニ参シ……」とある。同年十月には参謀本部条例も改訂され、その長については海軍軍令部条例と同じ文言がならぶこととなった。ここにおいて参謀総長は、「帝国軍全軍の幕僚長」ではなくなり、かつ陸軍と海軍は軍令面でもまったく対等な立場となった。

　これ以降、陸軍も海軍も「全軍」という言葉に神経をつかうようになった。時代はくだって昭和十一年三月、二・二六事件後に広田弘毅が内閣首班に指名された。その組閣本部に陸軍省軍事課の高級課員だった武藤章中佐が乗りこみ、いわゆる自由主義者の入閣を制限するよう強く要請し、「これは全軍の総意である」と見えをきった。これに海軍は強く反発したので、宮中、重臣、言論界の好評をはくした。海軍は自分たちと同じようにリベラルだと勘違いしたのだ。海軍の真意は、吉田茂や下村宏といった人の入閣を望んでいたのでもなく、陸軍の政治介入に反対していたわけでもない。ただ、カーキ色の軍服を着た中佐風情が、海軍に連絡もせずに「全軍の総意」といったことがけしからんと怒っていただけのことだった。

　昭和初期、陸軍と海軍が鋭く対立していた時期の話はともかく、日清戦争のまえに軍令面でも陸軍と海軍が対等な立場となったために、戦争になってから陸海軍の意見が対立したらどうするのかと憂慮された。そこで海軍軍令部が独立したその日に、戦時大本営令が制定されたわけだ。この条例における大本営とは、天皇の大纛（たいとう）（纛とは天子の乗り物の左に掲げる旗、陣中に立てる大旗から転じて天皇旗の意）のもとにおかれた最高の統帥部と定義された。陸軍と海軍のそれぞれの統帥部をひとつの箱に入れて、その上に天皇がまたがるといったかたちだ。陸軍と海軍のあいだで起きる不協和音は、天皇の絶対的な権威によって調整するという構想といえよう。

この明治二十六年五月に制定された戦時大本営令においては、作戦計画の立案について最終的な責任を負うのは、陸軍将官の参謀総長と定められていた。この規定によって、陸軍と海軍のあいだで生じる可能性がある作戦の不統一が避けられ、軍令系統のトップにおいて意思統一、すなわち理想の統合＝ジョイントが図られると期待したわけだ。

戦時大本営を構成するものは、侍従武官、軍事内局、大本営幕僚、陸軍大臣および海軍大臣となっていた。中心となる大本営幕僚の長は参謀総長、その下に参謀次長、海軍軍令部長が位置し、この二人は参謀上席将官と呼ばれた。日清戦争開戦前の明治二十七年六月五日、参謀本部内に開設された戦時大本営の組織は、［表2］の通り。

陸海軍の統合という観点から、また陸軍と海軍の意見調整の場という意味から、この大本営は、その機能の発揮が期待できた。しかし、問題点も残った。戦時の作戦立案はよいとしても、平時はどうするか、平時と戦時の区別は常にあるのか、そしていつからこの戦時大本営の機能が発揮されて、陸海軍が統合された作戦計画を立案できるかが問題だ。

［表2］　**日清戦争時の戦時大本営**（明治27年6月5日現在）

侍従武官　6名
軍事内局
　局長　岡沢精陸軍少将　佐官大尉4名
大本営幕僚
　幕僚長　有栖川宮熾仁大将
　陸軍参謀上席将官　川上操六陸軍中将　陸軍参謀5名
　海軍参謀上席将官　中牟田倉之助海軍中将　海軍参謀5名
　陸軍副官3名、海軍副官2名
兵站総監部
　兵站総監　川上操六陸軍中将　参謀3名、副官2名
運輸通信長官部
　運輸通信長官　寺内正毅陸軍大佐　参謀1名、副官1名
　鉄道船舶運輸委員　陸軍参謀1名、海軍参謀1名、鉄道事務官1名
　野戦高等電信部　野戦高等電信長、副官1名
　野戦高等郵便部　野戦高等郵便長
野戦監督長官部
　野戦監督長官　野田豁通経理局長　監督1名
野戦衛生長官部　石黒忠悳医務局長　軍医正1名、薬剤官1名
管理部
管理部長　大生定孝陸軍中佐　副官1名、憲兵、衛兵、輜重兵隷属

陸軍の見解は、作戦立案の責任者は平時、戦時を通じて参謀総長だとしていた。一方、海軍の見解は、あくまで戦時大本営条例なのだから、戦時に入ってからの規定であって、平時は陸軍と海軍が個別に作戦を立案するものだとしていた。そこで問題は、この戦時大本営をいつ開設するかだ。戦時というからには、外交的な問題を考慮すれば、宣戦布告してからとなるだろうし、そうでなくともその寸前が常識的な線だろう。海軍が考えているように、戦時大本営が開設されてから統合された作戦の立案が始まるとすれば、

大事な緒戦時の作戦は、陸海軍のあいだで調整されていないことになる。

日清戦争時、このあたりの問題をどうしていたのか不明だ。制度や組織で不備を補ったのではなく、個人プレーで調整していたように思える。そして戦争が国家総力戦となると、個人プレーではどうしようもなくなり、壮大な破局を迎えてしまったといえよう。

第二章　日清、日露の両戦役

四面環海の島国において海軍が陸軍の下にあるべき道理はない。宜しく対等なるべし。

山本権兵衛

◆健全だった日清戦争時の統合作戦

朝鮮の保全問題について、日本と清国とのあいだに妥協点が見いだせなくなり、明治二十七（一八九四）年五月末、和戦いずれかを決める閣議が枢密院議長の山県有朋を招いて開かれた。その席には、参謀次長の川上操六少将、海軍省主事（明治三十二年五月から海軍省先任副官）の山本権兵衛大佐も加わった。本来ならば海軍軍令部長の中牟田倉之助中将が出席するところだが、佐賀県出身の中牟田は口が立たないということで、山本が代役で出席となったという。

首相の伊藤博文は慎重論者で、日本の敗戦が明らかならば再考すべきと語り、まず陸軍の所信について説明を求めた。それに対して川上操六次長は得意の熱弁をふるって必勝の信念を披瀝し、即刻の開戦を提議した。すでに敵前上陸の準備も整い、戦争は一年で終わるとも述べた。これで陸軍が主導して開戦へと流れるかに思えた。するとそこで山本権兵衛主事が発言を求めて、「川上閣下にお尋ねする。陸軍は優秀な工兵隊をお持ちか」とやった。

承知のように両人は薩州の同郷、山本権兵衛は四つ年下だ。川上操六は西南戦争中、歩兵

山本権兵衛

第一三連隊長心得で熊本城に籠城した勇士で、「日本のモルトケ」と語られていた。「権兵衛、なにをぬかすか」と一喝するところだが、薩州の御大、西郷従道が海軍大臣だからそうもいかず、「もちろん、優秀な工兵隊を持っておるが、それがいかがした」と応えた。すると山本は、「では川上閣下、呼子から壱岐、対馬、釜山と架橋して大陸に渡られればよろしい。陸軍が勝手に海を渡るのは、はなはだ危険でござる」と満座に冷水を浴びせた。

そして山本権兵衛は言葉を継いで、黄海の制海権を確保することが戦勝の第一歩であることを強調しつつ、海軍側の作戦計画を説明した。山本の話が一段落すると、大山巌陸相が「山本ハンの話、よくわかりもうした。どうだろうか、オハンには参謀本部まで足を運んでもらい、みなに説明してくりゃんせ。西郷ドン、よかね」と結論に導いた。

薩州勢のみごとなチームワークと演技力というほかない。突拍子もない発言で閣議の席を支配し、伊藤博文と山県有朋の同意をえて、陸軍次官兼軍務局長は児玉源太郎少将、参謀本部第一局長は寺内正毅少将という長州の鉄壁と対等な立場で調整に入った。こうして少なくとも開戦初動においては、島国として当然の「海主・陸従」となった。理屈の多い長州勢が薩州勢の茶目にうまく乗せられたとなるだろうが、軍隊の規模も小さかったから、このような個人プレーも通用したのだろう。

参謀本部と海軍軍令部の対等な立場での協議の結果、緒戦の構想はつぎのようになった。開戦に先立ち、広島の第五師団を朝鮮半島に上陸させ、これに刺激されて山東半島から出撃してくるだろう清国艦隊と決戦する。この決戦には、三つの可能性があるとした。日本圧勝、引き分けで勢力拮抗、そして日本惨敗だ。

黄海での艦隊決戦で日本が圧勝し、その制海権を握れば、上陸作戦とそれにひきつづく海上輸送を制約するものは、気象や海象、そして船腹量と港湾の状況だ。そうなれば陸軍の既定方針どおり、その主力を渤海湾の沿岸に上陸させ、敵野戦軍主力に決戦を挑み、首都北京を圧迫すれば、戦争目的の朝鮮半島保全を達成し、有利な立場で和平交渉に入れるということになる。

児玉源太郎

艦隊決戦は引き分けで、どちらも黄海の制海権を手中にできない場合はどうなるのか。引き分けだから、清国艦隊も朝鮮海峡にまでは進出できないと判断できる。それならば朝鮮半島に陸軍の主力を進出させても補給を維持できるから、それをもって朝鮮半島全域の制圧を目指す。朝鮮半島の保全に成功すれば、日本の戦争目的は達成できることになるから、満足して和平交渉に臨むことができる。

さて、艦隊決戦で日本惨敗となったらどうするか。そうなると朝鮮海峡にまで脅威がおよび、陸軍の主力は朝鮮半島にも進出できない。しかも、開戦に先立ち朝鮮半鳥に入っている第五師団は孤立することとなる。これに対する海上連絡路は、日本海側の浦項、さらには北の元山を端末として維持しつつ、情勢の推移を見守るというものだった。最悪の事態も想定し、孤立した陸の戦友も見捨てないという姿勢は高く評価すべきで、これが昭和の陸海軍にかけていた点だ。

宇垣一成

一八九四（明治二十七）年初頭から、朝鮮南部で東学党の反乱が激化し、朝鮮政府は清国に派兵を要請し、清国は六月五日に派兵することを日本政府に通告した。日本も六月二日、閣議で朝鮮派兵を決定した。清国軍が漢城（ソウル、京城）の南方八〇キロ、牙山湾に上陸したのは六月八日だった。朝鮮情勢の緊迫化にともない、六月五日に三宅坂の参謀本部内に戦時大本営が開設された。後述するように、日清両国は七月二十五日から交戦状態に入ったが、日本側からの正式な宣戦布告は八月一日だった。

宣戦布告がなされた八月一日、戦時大本営は参謀本部から宮中に移され、陸海軍ともにおなじ場所で勤務することとなった。小さい所帯だったからできたにせよ、これが本来あるべき姿の大本営だろう。緒戦の戦況が有利に進展しているのを見て、明治天皇は大本営を率いて広島に進出することとなり、九月十三日に東京を出発した。十五日には広島に到着、すでに朝鮮に進出していた第五師団の司令部に入った。大本営はその二階、御座所は二階にある一〇畳の間をふたつに仕切って執務室と寝室とにした。広島まで玉歩を運び、しかもこの質素な生活ぶり、これは国民を感奮させた。また、おなじ屋根の下で陸軍と海軍の幕僚が執務し、しかも二階には大元帥たる天皇がいるとなれば、つまらないいがみあいなどできない。

とかく問題が起きやすい陸海軍の統合には、このような精神的な要素と環境の整備が必要なのだ。日露戦争中の大本営は宮中に置かれたものの、幕僚は参謀本部と軍令部に分かれて執務していた。大東亜戦争になってから、大本営陸軍部と海軍部は一緒の場所で執務しようという話はあったが、最後まで実現しなかった。また、宮内省は宮中に軍事色が及ぶことに神経質となり、軍事参議官の控室すら宮中に用意しなかった。広島に大本営があった時、宇垣一成は中尉で大本営付、衛兵長を務めていたが、彼は大本営の理想をどう考えていたのだろうか。

◆世界をリードした上陸作戦

常備艦隊司令長官の伊東祐亨中将は、旗艦「松島」に座乗して早くも明治二十七年五月五日に神戸を出港した。各地を巡航して釜山、六月八日に仁川（済物浦）に入った。ただちに伊東司令長官は、仁川にあった艦艇六隻の乗員で歩兵大隊一コ相当の連合陸戦隊を編成し、首都漢城に進出した。イギリス海軍の伝統、指揮官先頭を実践して見せた。

六月十二日、広島の第五師団で編成された混成第九旅団の第一梯団となる一コ大隊が仁川に到着した。海軍の支援のもと、馬匹や資材をふくめ三時間で揚陸を完了させた。混成第九旅団の主力は、「吉野」に護衛された八隻の輸送船に分乗し、六月十五日に仁川に到着した。

翌十六日午前六時から揚陸作業を開始して、午後八時までに揚陸を完了させた。ポート（港湾）からポートへの海上機動だが、当時の仁川には完備した港湾施設があるわけではないし、上陸用舟艇などもない。輸送船から小汽艇や団平舟に移乗させての揚陸作業だから大変だ。しかも仁川は、干満差が一〇メートルにも達する。こんな悪条件のもとで、これほど迅速な揚陸をやってのけたのだから、やはり「モチはモチ屋、海は船頭」だとなる。

日本海軍は艦艇を黄海に集中させ、七月十九日に常備艦隊と西海艦隊とをもって連合艦隊を編成した。同月二十五日、豊島沖（牙山湾口、現在の仁川空港の南五〇キロ）で第一遊撃艦隊（「吉野」「浪速」「秋津島」）は、清国軍の艦艇と遭遇した。開戦の前だから礼砲の交換でもするつもりでいたところ、清国側が発砲したため交戦状態となった。日本艦隊はこれを撃破し、牙山湾に上陸した清国軍を孤立させた。このとき、イギリス船籍の輸送船「高陸号」を撃沈し、日本の朝野を青くさせたのが「浪速」の艦長、東郷平八郎大佐だった。陸上での交戦がはじまったのは、漢城の南九〇キロの成歓で七月二十九日のことだった。

第五師団主力の仁川上陸は八月一日から、名古屋の第三師団の一部の元山上陸は八月二十日からで、黄海と日本海の両正面での上陸は八月末までに完了した。そしてこの両師団をもって第一軍を編成、軍司令官は山県有朋大将の出馬となった。第一軍は九月十六日に平壌を攻略し、十月二十五日から鴨緑江を渡河して清国領内に進出する。

輸送船団の護衛、揚陸支援が一段落すると、連合艦隊は清国艦隊（北洋水師）の主力をもとめて黄海を遊弋し、九月十七日に鴨緑江の河口部、海洋島付近でこれを捕捉して黄海海戦となる。この海戦において日本海軍は、全力投入、全軍突撃の精神を遺憾なく発揮した。第一遊撃艦隊司令官の坪井航三少将が単縦陣の先頭になって突撃し、連合艦隊司令長官の伊東祐亨中将が主力を率いて突進するのは当然だろう。しかし、海軍軍令部長の樺山資紀中将までが、一二センチ砲一門を搭載した仮装巡洋艦「西京丸」に乗って戦場を駆け巡るとは信じられないことだ。やはり戊辰戦争、西南戦争の修羅場をくぐり抜けてきた連中は、胆がすわっている。

黄海海戦は九月十七日の午後一時すこしまえから始まり、午後五時半までに清国艦隊一二隻のうち四隻を撃沈、一隻を擱座させた。日本側には損失艦艇はなかった。そしてなにより、この一戦で清国艦隊は戦意を喪失し、威海衛などに閉じこもった。ここに黄海の制海権は日本のものとなった。こうして戦局はつぎのステージ、すなわち清国の野戦軍主力を撃破すべく、北京により近い地域への戦力投射に移る。

東郷平八郎

それまでの上陸作戦は円滑に進展した。それは広島の宇品や関門地域といったポートから、仁川、釜山、元山というポートに向けての戦力投射だった。もちろん朝鮮半島の港湾は、施設が貧弱だったが浜ではなく、港であることにはちがいない。しかも上陸する地域に敵の地上部隊が待ち構えている状況ではなかった。

ところが、これからの上陸作戦では状況が一変する。とにかく敵が支配している遼東半島や山東半島への上陸なのだ。もちろん、清国軍が防備を固めている大連、営口、煙台といった港湾地域に直接突っかけることはできない。そこでポートからビーチ（海浜）、ショアー（海岸）への上陸作戦とならざるをえない。限られた兵力の軽装備な部隊ならば、海浜に揚陸できるだろう。しかし、師団の全力を直接海浜に送り込み、しかもそこに一時的にも補給幹線の端末を設定することは可能なのか。これは世界的にも未知の領域であり、建軍三〇年足らずの陸海軍にできるのか、それが日清戦争の最大のポイントとなる。

旅順攻略に向かう東京の第一師団と熊本の第六師団で編成した混成第十二旅団からなる第二軍を遼東半島のどこに上陸させるか、その決定からして難問だった。中国沿岸の海図、地図が満足にそろっていないのだ。そこで連合艦隊参謀長の鮫島員規大佐が遼東半島の東岸一帯を海上から偵察して、長山列島の北、花園口に上陸と決定した。海浜の状況は、揚陸作業にそう適したものではなかったが、大連、旅順への接近経路にでやすいという陸戦の見地からこことされた。海軍側が陸戦を考慮して上陸地点を決定したことは注目してよいだろう。

宇品を出港して大同江の河口部に集結した約三〇隻の輸送船団は、連合艦隊の厳重な護衛のもと、数波にわかれて泊地に入る。十月十九日、輸送船団の泊地に第二軍司令官の大山巌大将と第一師団長の山地元治中将が到着した。二人はすぐ「橋立」に伊東祐亨司令長官を訪れた。

「これは、これは、大山ドンと山地閣下、わざわざのご来艦、恐縮でごわす。オイが出向きましたのに」

「伊東ドン、なにぶんよろしゅう。どこでもよか、陸にあげてたもんせ」

「大山ドン、頼むなどと水臭さー、海のことはまかせてくれしゃんせ。鮫島はここ花園口がよかと申しており、そこに上がっていただくということで……」

といった会話が難解な薩摩弁で交わされ、土佐出身の山地元治師団長も苦笑いだったろうが、このトップ同士が親密であることに安堵感をいだいたことだろう。ここで大事なことは、「此ノ一戦」という場面で陸軍と海軍のトップが第一線に進出していることだ。また、先任の大山巌が伊東祐亨に礼をつくして支援を懇請していることも見逃せない。同郷同士だからの場面といえばそれまでだが、このような狭い同郷意識を三百余州に広げることが明治維新だったのではなかろうか。また、そういう相互の信頼感を個人対個人から、組織対組織に昇華させることが日本の近代化だったはずだ。八〇年足らずの歴史では、それが達成できず敗戦を迎えたということだろう。

さて、花園口に向けての上陸作戦は、明治二十七年十月二十三日からはじまった。この日の夕刻、付属艦艇の五隻が揚陸海浜の前面に横隊で停泊し、これを目標に輸送船団が進入してくる。翌二十四日払暁、海軍陸戦隊五〇人が上陸して一帯を偵察し、敵情がないことを確認して海浜を確保する。午前六時半、進入してきた第一波の輸送船団一六隻が投錨し、まず人員の揚陸がはじまった。その方法は仁川上陸と同様で、揚陸に使用された小艇は二〇〇隻以上にもなった。そして十一月七日までに一個師団半の人員、馬匹、資材、補給物品の揚陸を完了させた。

　この海岸への上陸作戦の規模、速度はもとより、それを可能にしたソフトに注目したい。揚陸作業全般の指揮は、「八重山」艦長の平山藤次郎大佐に一任された。各輸送船には連絡士官、ハシケなどを引く小汽艇には下士官を配乗させており、その全般統制は「大和」艦長の舟木錬太郎大佐の任務とした。このように海上作業は海軍が全責任を負い、しかも命令系統を一本化したことは画期的なことだった。

　つづく上陸作戦は、山東半島の先端部、栄城湾に向けて行なわれた。仙台の第二師団と熊本の第六師団主力をここに上陸させて第二軍を増強して、北洋水師の根拠地、威海衛を覆滅することが目的だ。海軍の要望に応える陸海軍統合作戦ということになる。この作戦での輸送船団は、三コ梯団にわかれて合計四〇隻、明治二十八年一月十四日から二十一日までに大連湾に集結した。上陸第一日は一月二十日だった。

　上陸作戦の初動は、陸上にある清国の通信線切断の任務を負った陸軍通信部隊とその護衛

明治28年1月20日、歩兵第4連隊の栄城湾への揚陸
(「日本工兵写真集」原書房より)

［表3］　**栄城湾上陸統合司令部**

揚陸委員
委員長　平山藤次郎海軍大佐
本部　原田良太郎輜重兵大佐、大井上久磨海軍少佐
参謀　山田義三郎歩兵大尉、吉松茂太郎海軍大尉
書記、伝令、卒

船舶進退掛（海岸掛兼務）
黒井悌次郎海軍大尉
運輸通信部将校　永沼秀文騎兵大尉、西田治六騎兵大尉、国府金三郎輜重兵大尉
桟橋ノ構造ニ任スル工兵将校1名
書記、憲兵、人夫100名

人馬物品卸下掛
各運送船毎ニ陸軍中少尉ノ内1名
各運送船監督将校若クハ海軍将校1名
下士、兵卒

整頓掛
山根武亮工兵中佐
師団参謀1名、師団副官1名、兵站監部将校1名、同相当官1名
書記、下士、兵卒、人夫300名

にあたる海軍陸戦隊の上陸だ。この部隊は小規模ながら清国軍部隊と接触し、艦砲射撃でこれを撃退した。この時すでに日本軍は、上陸支援射撃を統制していたことになる。揚陸作業は順調に進展し、一月二十五日までにほぼ完了した。そして二月二十七日、陸海軍協同して威海衛を占領し、作戦目的を達成した。その後、陸軍部隊をふたたび輸送船に揚搭して旅順に向かい、三月一日までに移送を完了させて次期作戦の準備に入っている。

仁川や花園口での経験を加味した栄城湾での揚陸は、非常に洗練されたものとなった。第二次世界大戦中、米軍などが各地

で行なった水陸両用作戦は、この踏襲といってもよいだろう。もちろん上陸用舟艇や揚陸艦などといったハードは比較にならないが、ソフトすなわち運用や指揮の形態は、ほぼ完成の域に達していた。

栄城湾での上陸作戦で編成された統合司令部は、［表3］で示した。まず、揚陸委員を指名し、それを統括する本部は統合司令部であり、その長は花園口でも揚陸の指揮をとった平山藤次郎海軍大佐だ。今日でいうところの水陸両用戦群揚陸指揮官に相当するといえば理解しやすい。揚陸は、海上、汀線付近の海浜、海岸と地域がわかれるため、海と陸が重なる部分が生じるので、揚陸委員には委員長と同じ階級の陸軍大佐が加わり、参謀も陸海軍双方から差し出す。船舶進退掛、海岸掛、人馬物品卸下掛、整頓掛と「掛」と呼称するから古めかしく感じる。現代風にいいかえれば、順に揚陸指揮官、ビーチ・マスター、輸送指揮官、ショアー・マスターとなるだろう。

こう見れば、現代の水陸両用作戦のソフトを日本軍は、十九世紀に先取りしていたことになる。あの当時からこれほどの統合運用を試み、それに適応できる組織を編みだしていた日本の陸海軍が、なぜ半世紀後の太平洋でそれができなかったのか。海軍は「俺たちは船頭じゃないよ」と輸送や揚陸に興味を示さないし、陸軍は「海軍に頭をさげて頼めるか」となにからなにまで背負いこんで動きがとれなくなってしまった。なぜ、こんなことになってしまったのか、それをこれから探っていきたい。

◆海軍が進めた水平運動

海軍における水平運動とは、機関科の地位向上を図るものだった。海軍では直接戦闘兵種の兵科の者だけが将校と呼ばれ、軍医、薬剤、主計、技術、歯科医、法務、軍楽、衛生は将校相当官とされ、この両者を合わせて士官と呼称していた。機関科も将校相当官とされていた。艦艇に乗り組み、技術で戦う機関科は、戦闘兵種として将校とするべきだというのが海軍での水平運動だ。当然の要望だが、妙に貴族的で伝統墨守の海軍は、「罐炊き風情の連中がうるさい」と聞く耳をもたず、昭和十七年まで階級呼称から「機関」の二文字をとらなかった。これから取り上げる海軍の水平運動は、これとはちがうもので、陸軍との水平関係を求める策動だ。

日清講和条約が下関で調印されたのは、明治二十八（一八九五）年四月十七日で、遼東半島の還付を勧告する三国干渉が同月二十三日だった。当時の通信事情からすれば、なんとも素早い列強の反応だった。これで日本の国策は「臥薪嘗胆」、つぎなる敵はロシアとして戦備を進めることとなった。さらに一八九八（明治三十一）年三月、ロシアは旅順と大連を租借して日本を強く刺激した。これで日本は、対露戦を覚悟した。

日清戦争で確認されたことだが、日本が大陸勢力と戦う場合、とにかく早く黄海の制海権を確立しなければならない。朝鮮半島の地形の特徴は東西の不均衡で、どうしても西の黄海側が問題となる。朝鮮半島のポイントは、北から鴨緑江河口部の新義州（当時の港湾は多獅島）から平壌の外港の鎮南浦、漢城の外港の仁川、黄海と朝鮮海峡の接点に面する木浦、そして朝鮮海峡に入って鎮海、釜山だ。そして釜山の補助港となるのが日本海側の浦項となる。もし釜山が敵性勢力に支配され、日本が朝鮮海峡の支配権を失えば、関門海峡の安全は失われ、日本の内航海運は窒息する。

そうならないためには、なにをおいても海軍力の整備だ。海軍当局はこれを日本の総意とし、明治三十年度と三十一年度予算では海軍費が陸軍費を凌駕した（三十年度は海軍費七六八〇万円、陸軍費六〇六一万円、三十一年度予算海軍費六三三九万円、陸軍費五九六三万円）。これで艦艇の整備は軌道に乗った。明治三十一年十一月、第二次山県有朋内閣が成立して山本権兵衛中将が海軍大臣に就任した。予算とモノについては陸海軍対等が実現しつつあるが、山本海相はそれだけでは満足しない。日清戦争での実績を背景とした彼の主張は、説得力に富むものだった。

ロシアの軍事力、とくにその海軍力は清国とは比較にならないほど強力だ。これが山本権兵衛海相が語る戦略論の出発点だった。日本が財政破綻覚悟で海軍力の強化につとめても、対露七割が限界だろう。海戦での戦力比は、保有艦艇トン数の二乗に比例するから、日本は一対二で劣勢だ。これで勝機を見いだすには、迅速に行動してロシア艦隊を各個に撃破するしかない。そうなると陸軍が主体の軍備では間に合わず、「海主陸従」にもどるか、すくなくとも陸海軍対等の準備を整えなければならないと論じたてた。

この陸海軍の対等を目指す海軍の水平運動は、海軍軍令部条例の改正を重ねながら進められた。それ自体は直接、陸海軍の対立をもたらさなかったものの、東京湾を舞台とする意外なことで紛糾が起きた。日清戦争中の明治二十八年一月に制定された東京および沿岸要地防御のための防務条例と東京防禦総督部条例をめぐるせめぎあいだ。

防務条例の第一条には、「本条例ハ陸海軍協同作戦ノ指揮及任務ヲ規定ス」とあり、陸海軍協同ひいては統合を視野に入れた革新的な内容だった。その第三条の其一「東京防禦」には、「東京防禦ハ東京防禦総督ヲシテ要塞司令官、師団長（若ハ野戦隊指揮官）及横須賀鎮守府司令長官ヲ統ヘ東京防禦ニ関スル全般ノコトヲ計画指揮セシム」とある。東京防禦総督府条例の第三条には、「東京防禦総督ハ陸軍大（中）将ヲ以テ之ニ補シ天皇陛下ニ直隷シ東京防禦ニ任ス」とある。このように、協同作戦とはしながらも、陸軍が海軍を指揮するという統合＝ジョイントであるところが海軍の不満だった。

明治三十一（一八九八）年十二月、東京防禦総督だった野津道貫陸軍大将は、横須賀鎮守府司令長官の鮫島員規海軍中将にたいして、明治三十二年度の横須賀軍港防禦計画を策定して報告するよう訓令した。ところが鮫島司令長官は、「平時において東京防禦総督の区処を受ける規定がない」として訓令を突き返した。すると東京防禦総督側は、提出を求めているのは戦時の計画だからとの理由書をつけて再度訓令した。ところが横須賀鎮守府側は、平時の規定がないものは受け取れないとまた突き返すという子供の喧嘩となった。野津大将、鮫島中将、ともに島津藩士の出身で古くからの顔なじみだが、組織を背負えばそんなこともいっていられない。

そんな子供の喧嘩に親がでてきた。山本権兵衛海相の登場だ。明治三十二年一月、山本海相は桂太郎陸相に戦時大本営条例と防務条例の改正案を示して、陸海相の連署で閣議に提出したいと提案した。改正の要旨は、戦時大本営条例第二条の「参謀総長」を「特命ヲ受ケタル将官」にすること、防務条例では東京防禦と東京湾口および横須賀防禦とは分離するというものだった。

もちろん桂太郎陸相は、これに反対だった。山県有朋首相も難色を示し、さらに明治天皇も「日清戦争でうまく機能したのだから、戦時大本営条例はそのままでよかろう」という見解を示したと伝えられている。この強固な一枚岩に向かって、山本権兵衛は海軍の期待を背負って果敢に突撃した。山県はつねづね山本を「絵に描いた虎」と評していたという。「恐ろしそうに見えるが、実態は人畜無害」との意味で、そう怖がるなといいたかったのだろう。しかし、そうはいっている山県自身、山本には辟易し、場合によっては遠慮していた。

嘉永五（一八五二）年十月、鹿児島城下に生まれた山本権兵衛は、文久三（一八六三）年七月の薩英戦争で弾運びに従事したというのだから、この男の度胸には筋金が入っている。島津藩では一八歳以下の従軍を認めていなかったが、一六歳の彼は堂々と「一八のイノシシでごわす」と申告して戊辰戦争に従軍している。海軍に入った山本は、明治九年から十一年にかけてドイツ海軍の艦艇に乗り組み、マゼラン海峡を通過する世界一周航海も経験している。山本権兵衛といえば、辣腕の軍政屋といったイメージだろうが、じつは練達したシーマンであり、シーマンであるがゆえに粘着気質の人だった。

そんな人物だから、山本権兵衛のやることは徹底していて、日本人ばなれしている。まず、山本海相は長文の説明書を添えて単独上奏する。負けじと桂太郎陸相も宮中に駆けこんで明治天皇に訴える。これを三回も繰り返したそうだから、明治天皇もほとほと参ったといわれている。それほどの実行力のうえ、山本は態度が大きいから、いつのまにか周囲は彼のペースに巻き込まれてしまう。同い年の寺内正毅は子供扱い、五つ年上の桂ですら同輩、一四歳も年長の山県有朋でようやく先輩とするが、それも会えば「やあ、山県さん」と気安く肩を叩くといった態度だ。人と話をしている時は「ヤマガタ」と呼び捨てだったという。それを知っていて、あのうるさい山県も苦笑いするだけだったというから、人間関係の機微というものは、わからないものだ。

長期戦の末、結局は陸軍が海軍に妥協するかたちとなった。まず明治三十四年一月、防務条例が改正され、海軍の要望どおり、東京と東京湾とが分離され、平時には横須賀鎮守府司令長官は、陸軍将官の区処を受けないこととなった。さらに海軍の要港部長官、海軍防禦部の長にも、担任事項を計画する権能があたえられた。そのうえ、同年四月には東京防禦総督部条例そのものが廃止されたのだから、これについては海軍の圧勝という結果になった。

さらに重要な戦時大本営条例については、当然ながらなかなか結論がでなかった。これについてのひとつの転機は、明治三十四年六月の桂太郎内閣の成立だった。首班指名された桂は、山本権兵衛海相の留任を強く求めた。ところが山本は、なかなか留任に応じない。そこで桂が示した取引材料のひとつに、山本がながらく望んでいた戦時大本営条例の改正があったことは容易に想像できる。

［表4］ **日露戦争時の戦時大本営**（開戦時）

大本営陸軍幕僚部
　参謀総長　大山巖元帥
　　参謀次長　児玉源太郎大将
　　兵站総監　児玉源太郎大将
　　兵站総監部参謀長　大島健一大佐
　　運輸通信長官　大沢界雄大佐
　　管理部長　三岳於菟勝中佐
　　野戦経理長官　外松孫太郎主計監
　　野戦衛生長官　小池正直軍医監
大本営海軍幕僚部
　海軍軍令部長　伊東祐亨大将
　　海軍軍令部次長　伊集院五郎中将
　　海軍軍事総監　斎藤実少将
　　人事部長　橋本正明少将
　　医務部長　実吉安純医務総監
　　経理部長　村上敬次郎主計総監

また、外交問題についても海軍に発言権をあたえるという一項もあったはずだ。事実、桂内閣において外交問題は、桂太郎首相、小村寿太郎外相、そして山本権兵衛海相のあいだで協議されていたという。疎外された寺内正毅陸相が、「山本海相が主導して外交問題を決めている。海相横暴だ」と強く批判していた。

難問の戦時大本営条例の改正は、山県有朋と大山巌の両元帥の上奏という形をとって決定した。明治三十六年十二月に公布された戦時大本営条例の第三条には、「参謀総長及海軍軍令部長ハ各其ノ幕僚ニ長トシテ帷幄ノ機務ニ奉仕シ作戦ヲ参画シ終局ノ目的ニ稽ヘ陸海両軍ノ策応協同ヲ任トス」とあり、参謀総長と海軍軍令部長とが対等同列であることが成文化された。また、第四条の規定によって、大本営に勤務する陸海軍の幕僚は、それぞれ参謀総長、海軍軍令部長の指揮をうけることとなり、ここに大本営は陸海軍が統合された最高統帥機関ではなくなった。日露戦争中の大本営は［表4］の通り。

このように命令系統が複列になると、もし陸軍と海軍の意見が一致しない場合、それを裁決できるのは大元帥たる天皇しかいない。天皇の役割が過重になるおそれがあるため、天皇を軍事面で支える諮詢機関が必要だとなり、戦時大本営条例が改正されたその日に、軍事参議院条例が制定された。これは明治二十年五月に制定された軍事参議官条例を拡大したものだ。

当初の軍事参議官は、陸軍大臣、海軍大臣、参謀本部長、監軍（教育総監の前身）だったが、明治二十六年五月の改正で海軍軍令部長が加わった。これがさらに拡大され、元帥、陸軍大臣、海軍大臣、参謀総長、教育総監、海軍軍令部長、「特ニ軍事参議官ニ親補セラレタル陸海軍将官」となった。大本営で陸軍と海軍の意見がまとまらなくなったならば、天皇は軍事参議院に諮詢し、その決定をもって裁決する。軍令組織として参謀本部と海軍軍令部が生まれ、戦時にその統合をはかるために大本営がもうけられ、その大本営をまとめるために軍事参議院がもうけられると、組織は自然と肥大し、増殖しだすという法則をここにも見ることができる。

戦時大本営では陸軍と海軍が並列しているという問題があり、軍政面では山本権兵衛海相と寺内正毅陸相とがしっくりいかない悩みがあった。これが大きな亀裂に発展するおそれはあったが、戊辰戦争以来の人間関係や薩長などの藩閥意識が好ましい方向に働き、日露戦争では陸海軍が鋭く対立するような場面は避けられたようには見える。しかし、日露戦争は日清戦争と比較にならない苦戦となったため、陸軍と海軍の関係は常に緊張したものだった。特に旅順要塞の攻略、海上連絡路の安全確保、第二軍の遼東半島上陸、朝鮮半島北部での作戦では、大本営での協議が難航したといわれる。

◆薄氷を踏む思いの勝利

日露戦争の宣戦布告は、明治三十七（一九〇四）年二月十日だった。日清戦争は夏の開戦だったが、違いは季節ぐらいで、全般的な作戦構想は日清戦争の踏襲だった。開戦に先立つ二月八日から小倉の第一二師団を仁川に上陸させ、戦争目的となる朝鮮半島の保全を達成させ、それ以降は敵野戦軍主力をもとめてこれを撃破し、ロシアの継戦意思をくじいて和平にむすびつけるというものだった。早期に黄海の制海権を確保することが海軍に強くもとめられたことも日清戦争と同様だ。

二月八日、旅順口外にあったロシア艦隊を奇襲して戦端を開いた連合艦隊は、引きつづいて三次にわたる旅順口閉塞戦を行なった。これによってえられた黄海の制海権を活用し、三月三十一日から近衛師団と仙台の第二師団を大同江河口部の鎮南浦に上陸させ、第一軍の編成が完結した。当初は東京の第一師団、名古屋の第三師団、大阪の第四師団からなる第二軍は、海軍の判断で大連の港湾に上陸する予定だったが、大連湾には機雷が敷設されている可能性が高く、また旅順口閉塞が難航したため、第二軍の上陸が遅れ、五月五日から花園口の西南、塩大澳に上陸した。五月十九日からは姫路の第一〇師団が遼東半島の付け根、大孤山に上陸している。

塩大澳への第二軍の揚陸作業は、円滑に進展した。まず海軍陸戦隊二コ大隊相当を艦砲支

援のもと上陸させて揚陸海浜を確保、そこに陸軍が碇泊場司令部を設定、海軍が差し出した舟艇を運用して部隊、資材を揚陸する。五月五日に作業を開始して、十三日までに第二軍の揚陸を完了させた。また、六月二十四日までに大連湾の掃海が完了し、大連港が海路端末となり、本土との補給幹線が確立した。

日本艦隊と輸送船団が黄海全域を自由に行動し、かつ挑発しているにもかかわらず、ロシア独特の艦隊保全主義からか、旅順のロシア艦隊は出撃してこない。日本側としても、そういつまでも洋上にあって旅順口の封鎖をつづけられない。連合艦隊旗艦「三笠」の戦時日誌を見ると、二月六日に佐世保を出撃して以来、二月中に燃料炭の移載を四回、機関の手入れを二回行なっている。これほど艦艇は、こまめな補給と整備を必要とする。本来ならば、年間の三分の一はドックに入って整備し、それでようやく十分な性能を発揮できるというのが戦闘艦艇だ。

連合艦隊が全力で旅順口を封鎖している最中の五月二十日、ロシア政府はバルチック艦隊の東航を発表した。新型戦艦五隻を擁する強力な艦隊だ。主力は希望

遼東半島に上陸する陸軍兵士たち

峰まわりで航程一万八〇〇〇海里、対馬海峡に現われるのはかなりさきのことにせよ、日本としては早くロシアの旅順艦隊とウラジオ艦隊を無力化させ、艦艇をドックに入れて整備しなければならない。戦艦「三笠」の行動記録によると、旅順要塞の陥落がほぼ確実となった明治三十七年十二月二十九日に呉入港、翌三十八年一月四日に入渠、同月十六日に出渠、二月六日に呉出港となっている。戦時でも戦艦の整備には、これほどの日数が必要なのだ。

明治三十七年八月十日、ロシアの旅順艦隊は旅順口を出撃してウラジオストクを目指したが、連合艦隊に捕捉されると決戦を避けて、旅順口にもどってしまった。こうなると陸伝いに圧迫して押し出すか、陸上からの砲撃で破壊するしかない。そこで海軍は、陸軍に旅順要塞の早期攻略を強く求める。陸軍としては大連港を補給に使えればそれでよく、旅順要塞攻略の必要性は薄い。開戦前、参謀次長だった児玉源太郎中将は、「旅順には竹矢来でも巡らしておけ」と語ったというのは伝説だろうが、半島の先端部だから容易に孤立させることができ、早晩干上がるのは間違いない。明治三十八年一月十五日、日本軍は旅順に入城したが、ロシア守備軍三万人のうち七七〇〇人が戦死、一万五〇〇〇人が傷病兵だった。もし攻防戦が春までつづいていたならば、ロシア兵のほとんどは発疹チフスか壊血病で倒れていただろう。

しかし、そんな結末を予測することはできない。海軍の苦しい立場を理解した乃木希典軍司令官以下、第三軍の将兵は一刻でも早く旅順要塞を覆滅せんと堅陣に肉弾をぶつけた。当時、日本軍にかぎらず、どこの国の軍隊でも重畳する防御弾幕をどうやって克服するかを知らない。横隊で突撃すれば、砲撃ですぐに破砕される。塹壕を掘り進めて砲台を囲む堡塁に取り付いても、今度は側防火器になぎ倒される。堡塁の突角部を崩してから飛び込まなければならないが、鉄筋コンクリートの防壁をどう破壊するかの技術も確立していないし、当初の第三軍には有力な攻城砲がなかった。

結局、第三軍は三万人もの死傷者という大損害を出し、旅順要塞を攻略してロシア艦隊を全滅させた。攻者の損害が防者の兵力と同じということは、第三軍がいかに凄惨な格闘戦を強いられたかがわかる。旅順要塞攻略戦での第三軍は、東京の第一師団、金沢の第九師団、善通寺の第十一師団、そして最後の局面で旭川の第七師団が加わった。東京はもちろん金沢も大きな都市だが、そこに戦死者が集中して軒並み葬式となって厭戦気分が広まり、当局は不安に包まれた。

乃木希典

この旅順要塞攻略戦の苦戦で、陸軍から「なぜ海軍のためにこんなことをしなければならないのか」との声があがっても不思議ではないが、少なくとも表面には出なかったという。どうしてかと考えると、トップの良き人間関係が崩れなかったからだ。満州軍総司令官の大山巌、連合艦隊司令長官の東郷平八郎、海軍大臣の山本権兵衛、承知のようにこの三人は鹿児島城下、鍛冶屋町の生まれ、甲突川で泥まみれになって遊んだ仲だ。そんな古い関係だから、「東郷ハンのためにも旅順を取ってやらねばならん。山本ハンの顔も立ちもうそう」と大山は考えるだろう。そういった藩以来の人間関係があるから、大山は旅順には出向かない。総参謀長の児玉源太郎を送って乃木希典と話し合わせる。児玉は周防、乃木は長門の出身だ。この防長二州の間の穏便な話にする。このあたりの気配りこそ、未だ旧藩意識が色濃く残る明治の美風となるだろう。大正、昭和と藩の意識が薄れた時代になったらどうするかという手当を考えていなかったように見受けられる。

またひとつ、陸軍から海軍へ一言あるのは、海上連絡路の安全確保の問題だった。連合艦隊は開戦劈頭、仁川港でロシア艦隊の一部を撃破し、その主力を旅順口に押しこめた。ところが、まだウラジオストクに一万トン級の装甲巡洋艦が三隻いた。明治三十七年三月六日、第二艦隊はウラジオストク湾に砲撃を加えたが、牽制攻撃のレベルのものだった。日本海軍にはウラジオストクを封鎖するだけの戦力はなく、ウラジオ艦隊に作戦の自由を許すことになった。

ウラジオストク港の解氷とともに、ウラジオ艦隊は海上交通路の破壊に乗りだしてきた。まず明治三十七年四月二十五日、朝鮮半島北部の日本海で陸軍の輸送船「金州丸」が撃沈された。六月二十五日には、近衛後備歩兵第一連隊を乗せた「常陸丸」と鉄道提理部を乗せた「佐渡丸」が宇品から塩大澳に向かう途中、対馬海峡で撃沈された。また同日、帰還途中の「和泉丸」も沈められた。近衛後備歩兵第一連隊は、真新しい軍旗を船上で奉焼したが、これが帝国陸軍で最初の軍旗奉焼となる。今日、東京の青山墓地に「常陸丸殉難碑」を見ることができるが、その石碑の大きさに当時のショックがうかがえる。

つづいてウラジオ艦隊は、津軽海峡を二度も突破して太平洋にあらわれ、臨検、攻撃を繰り返したため、日本の海運そのものに脅威をおよぼした。ウラジオ艦隊は大胆にも、伊豆半島の川奈と大島のあいだを通って東京湾口を威圧したこともある。被害はどんどん広がり、日本船舶だけでなく、イギリス船やドイツ船までが撃沈され、国家としての面目の問題にまで発展した。

このウラジオ艦隊を追ったのは、上村彦之丞中将が指揮する第二艦隊、装甲巡洋艦四隻だった。無線がようやく実用化した時代だから、ゲリラ的に行動する艦艇を捕捉するのは難事で、会敵できるかどうかは偶然の領域だ。しかも、季節は春から初夏、日本海特有の濃霧に悩まされる。しかし、世論やメディアは残酷なものだ。「濃霧、濃霧と言い訳するが、逆から読めばムノウ、無能」との嘲笑はともかく、東京の三田綱町にあった上村中将の私宅には投石があいつぎ、「自決せよ」「この露探（ロシアのスパイ）」といった脅迫状が届く騒ぎとなった。

明治三十七年八月十日、旅順のロシア艦隊はウラジオストクに向けて出撃、黄海海戦となり連合艦隊主力はこれを痛撃し、ロシア艦隊は旅順口にもどった。これと連動してウラジオ艦隊も出撃し、八月十四日に第二艦隊はこれを朝鮮半島の東海岸、蔚山沖で捕捉、一隻を撃沈、二隻を大破させた。このとき、上村彦之丞司令長官は「溺者救助」を下令し、泳いでいるロシア兵をひとり残らず収容した。鳥籠に入ったカナリアまですくいあげたと伝えられて

海軍陸戦重砲隊の陣地

世論は一変、上村提督の武士道を絶賛した。

海上連絡路が危機に瀕したこの四ヵ月間、陸軍と海軍がたがいに感情的になっても不思議ではなかった。陸軍としては、「海軍は海上連絡路の安全を確約したではないか。それが対馬海峡のとば口で輸送船が沈められては話にならない」といいたいだろう。一方、海軍としては、「だから旅順を早く落としてもらいたいのだ。連合艦隊がフリーになれば、海上連絡路は完璧に守れるのだ」と反論するだろう。どちらも正論だから水掛け論になるが、そうならなかったのには、ここでも藩閥に根差す良好な人間関係があったからだ。

第二艦隊司令長官の上村彦之丞、第三軍参謀長の伊地知幸介、二〇三高地を確保した第七師団長の大迫尚敏、これみな鹿児島の人だ。「東郷もなけなしの装甲巡洋艦を四隻さいてくれた。上村も必死にやっている」「伊地知を助けるため海軍は火砲一六門、兵員九〇〇〇人の陸戦重砲隊をさしだしてくれた」「第三軍は海軍のために全滅覚悟で堅陣に挑んでいる」と、たがいに感謝する気持ちがあったからこそ、深刻な対立関係にならなかったのだ。

◆陸の市ケ谷、海の江田島

日清戦争から日露戦争までわずか十年、されど「十年ひと昔」だ。主要な軍人を見ると世代交代を実感させせられる。日本海海戦時の連合艦隊参謀長は、広島県出身、海兵七期、海大甲種一期の加藤友三郎少将だ。第二艦隊参謀長は岡山県出身で海兵七期の藤井較一大佐だ。この海兵七期前後が主力艦の艦長を務めている。戦艦「富士」の艦長は、東京府出身、海兵七期、海大甲種一期の松本和だが、彼はシーメンス事件の主犯だった。陸軍では、満州軍参謀の井口省吾少将は静岡県出身、陸士旧二期だ。第一軍参謀長の藤井茂太少将は兵庫県出身、陸士旧三期だ。このふたりは陸大一期生となる。第二軍参謀長の落合豊三郎は島根県出身、陸士旧三期、陸大二期、満州軍作戦主任参謀の松川敏胤大佐は宮城県出身、陸士旧五期、陸大三期だった。

藩閥の凋落ぶりも印象的だが、系統だった学問として作戦、戦術を修めた者が軍の中枢部に配置されるようになったことは大きな変化だ。しかし、陸海大学校出身者を待ってましたと拍手をもって迎えたかと思えば、実はそうでもなかったようだ。当初、この大学校出身者に対する評価はそう高いものではなかったという。秀才気取りの生兵法と冷たく見る人も多く、そのためもあって各級司令部は始終ゴタゴタしていたとも語られている。大山巌は凱旋後、出征中なにがいちばんの苦労だったかと尋ねられ、「知っていて、知らんふりすること」と苦笑いしていたという。一方、新進気鋭の陸大出からすれば、「いつまでも戊辰戦争、

山本五十六

西南戦争でもあるまい」と思っていたはずだ。これが陸海軍の宿痾「下克上」「幕僚統帥」のはじまりとなる。

さらに若手を見ると、海軍では高知県出身、海兵二八期の永野修身が旅順要塞攻略戦で海軍陸戦重砲隊の中隊長を務めた。海兵三二期生が少尉候補生として艦艇に乗り組んでいたが、そのひとりが高野五十六、のちの山本五十六で、「日進」に乗り組み、日本海海戦で負傷している。陸軍では陸士一五期で最後の参謀総長となる梅津美治郎は、歩兵第一旅団副官で旅順攻略戦に従軍し負傷している。陸士一六期生の一部が樺太作戦と北韓作戦に従軍しているが、これが日露戦争参戦者の最若手となる。これ以降の者は、本格的な戦争を経験しないまま、満州事変からの戦乱を迎えることとなる。

戦さの駆け引き、統率と統御、度胸といったものを学校で教えられるかとの疑問もあるだろう。しかし、そういつも戦争をしているわけにもいかないから、学校での教育を中心にせざるをえないのが現実だ。また、その学校での成績で序列をつけて補職、進級をきめるしかないのも大きな組織として当然だ。そして陸軍と海軍とでは、戦闘の様相がまるでちがうのだから、べつべつに教育するほかない。

問題は、それぞれの識能が一定のレベルになってから、陸軍と海軍のあいだで共通認識を確認しあう場、交流の機会があるかどうかだ。大学校とは最高学府を意味するのだから、陸大や海大がそういう場であったはずだ。陸軍大学校は明治十六年一月、三宅坂の参謀本部の敷地にもうけられ、和田倉門をへて明治二十四年四月から青山にあった。海軍大学校は明治二十一年八月、築地にもうけられ、昭和五年九月から品川の上大崎（目黒と通称）にあった。歩いても一時間というところにありながら、両校の交流はまったく希薄なものだった。

まず、交換学生の制度がなかった。ほんの一時期、双方の学生を集めて上陸作戦の図上演習をやったことがあるくらいだ。それぞれ海戦術、陸戦術を補助科目としていた時代もあったが、航空機の発達とともに航空戦術に切り替えられた。陸大では兵科（昭和十六年から隊種）を越えて視野を広げるためにと、一年に三週間ほどの隊付見学があったが、海軍の艦艇に乗り組んでの研修という話は聞かない。昭和二十年度の陸大の教育計画を見ると、航空要員のみ一〇日間の厚木海軍航空隊見学だけが海軍関係の研修だ。海大は陸軍にほとんど関心を示さない。中央官衙をしょって立つエリートの間で交流がなかったことは、軍に限らず日本そのものの致命的な欠陥となった。

本来ならば、陸大と海大の上に各国でいうところのウォーカレッジ、国防大学院といった高等研修機関をもうけて、軍事全般の思想的統一を図るべきだった。遅ればせながら、それが昭和十六年四月から教育がはじまった総力戦研究所だったのだろう。首相官邸の西側にあった総力戦研究所は首相の管理下にあり、文官の学生も多かった。所長は陸軍と海軍の持ち回りだったが、陸海軍の交流の場というよりは、軍と諸官庁が合同して戦争を研究する場という性格のものだった。

どこであれ、ともに学んだという意識があれば、人間関係が円滑になり、ひいては組織間の対立が避けられる。その好例が沖縄特別根拠地隊司令官として玉砕した大田実中将に見ることができる。彼は大尉のとき、千葉県の都賀にあった歩兵学校に派遣され、陸軍の軍人にまじって本格的に陸戦を学んだ。とにかく優秀な学生で、「海軍にはもったいない、陸軍に移れ」とまでいわれたそうだ。大田中将はそれから陸戦隊一筋に生きて沖縄でその軍歴を閉じた。沖縄戦では陸軍と海軍の意見が対立する場面が多かったが、陸上戦闘にかぎってはそれなりの協調が保たれた。それは大田中将が歩兵学校で学び、陸戦をよく知っていたし、陸軍のなかに友人もおり、共通した言葉で語りあえたからだ。

大田実

海国日本が大陸にも雄飛しようというならば、陸士と海兵の教育に海への見聞、陸への見聞を広めさせる配慮があってしかるべきだった。陸士四一期から四九期まで、卒業前に朝鮮、満州旅行があり、その帰途に江田島の海兵に一泊するという行事があった。これだけで陸海の連帯が図られるとは思えない。大陸に渡るというならば、横須賀か呉から軍艦に乗って行くべきと思うが、そういう発想そのものがない。海兵は卒業後に遠洋航海があったが、欧州、北米、豪州の三コースだった。中国から東南アジア巡航というコースもあっておかしくはないが、学ぶべきものがないということか、このコースはなかった。

このように人的交流、教育の交流を図って陸海軍統合をという考えがない。それどころか、人的交流を阻害したケースすらある。陸士と海兵とに別れても、中学で同級生、親戚の場合もあるだろう。手紙のやり取りをして近況を伝えあうということは、ごく自然なことだ。ところが、「陸的な過激思想が江田島に流入する」として、手紙のやり取りを一律禁止した海兵校長がいた。昭和十七年十月から十九年八月まで校長を務め、最後の海軍大将となる井上成美だ。

明治維新の当初、大阪兵学寮などさまざまな軍事の教育機関があったが、これを整理統合して陸軍士官学校となったのは明治七年十月、市ケ谷の尾張徳川藩上屋敷に置かれた。士官生徒制度、士官候補生制度、さらに予科と本科と養成制度は変遷したが、昭和十二年に本科が神奈川県座間、十六年に予科が埼玉県朝霞に移転するまで、市ケ谷から動かなかった。明治、大正と東京の都市化が進み、なにかと不便や不都合が生じたが、陸軍は陸士を市ケ谷から移転させようとはしなかった。

井上成美

政経の中心部にこれだけの地積を有している軍事的な意味もあったのだろう。教育総監部や学校当局によれば、東京ならば優秀な文官教官がすぐ集まる、部外者の講演をするにも一流な講師をすぐ呼べる、図書館や書店が充実している、そしてなにより帝都の真ん中から巣立ったという意識が大事だということだった。これはフランスを手本とした考え方だった。

海軍の兵科将校の養成は、幕府時代からの流れの海軍操練所から海軍兵学寮、そして明治九年九月から海軍兵学校となり、東京の築地にあった。そのうち築地ではカッターの操練も不自由になり、また都会の風は船乗りには毒だということか、明治二十一年八月に広島県江田島に移転した。ずいぶんと思い切ったところに移転したものだが、イギリスの海軍兵学校が所在するダートマスは、ロンドンから西へ三〇〇キロも離れているから、見習ったということだろう。

この移転が計画されたころ、山本権兵衛はまだ大尉で士官教育の研究をしていた。彼は江田島への移転に反対だった。これからの海軍士官に求められる科学的な知見を深めるには、東京のような環境が必要だとした。もちろん大尉の意見など取りあげられることもなかったが、これもひとつの卓見といえよう。

陸軍の市ケ谷、海軍の江田島、この都会育ちと田舎育ちのちがいは、陸海軍の軍人の政治に関与する程度の差によくあらわれていると評されてきた。陸軍の軍人は、なにかと騒がしく、社会の格差というものを実感させられる東京で教育されたから、政治に興味をもち、さらには関与する姿勢になったとする見方がある。海軍の軍人は、人里離れた島育ちだから、政治に興味を持たない醇乎たる武人に育ったという論もある。史実に照らせば、その反対の場合も多いのではなかろうか。後述することになるが、昭和軍部の混迷は昭和五（一九三〇）年のロンドン海軍軍縮会議から始まったものだ。

陸軍と海軍の将校育成について、話を複雑にするのが陸軍幼年学校の存在だ。海兵は中学修了者ばかりだが、陸士は中学修了者と中学中退で幼年学校に進んだ者との混成だ。幼年学校の起源は、明治二年に大阪兵学寮のなかにもうけられた幼年学舎だった。これが陸軍幼年学校となり、明治二十九年からは東京に中央幼年学校、東京、仙台、名古屋、大阪、広島、熊本と旧鎮台があったところに地方幼年学校が開設された。

一般的には、中学二年在学中に地方幼年学校に入校して三年修学、中央幼年学校で一年九ヵ月修学、そして隊付士官候補生となって中学修了者と合流する。この制度での幼年学校一期生は陸士一五期生となり、日露戦争に従軍した者としなかった者との境になる。大正九年に中央幼年学校が士官学校予科となり、各地方幼年学校の「地方」の呼称がなくなる。これが大正軍縮によってつぎつぎと廃校となり、東京幼年学校だけが残った。昭和十一年から逐次復活して六校となり終戦にいたった。

幼年学校の当初の目的は各国と同様、軍人の遺児の育英だった。日本の場合、語学教育の観点から重視されることとなった。日本の中学のほとんどすべてが英語しか教えていない。軍事上、ぜひとも必要な独語、仏語、露語は陸軍が自前で教育しなければならないし、語学はすこしでも若いころからはじめるのが得策だ。語学の教育に重点をおいたため、幼年学校在校中から「ゴキ」（語学狂）が多くなった。士官学校に進んでからも、語学の成績は全体の成績に直結するから、幼年学校出身の「ゴキ」が士官学校の成績上位を占め、それはさらに陸軍大学校の合格率が高くなることを意味する。その結果、陸軍は幼年学校出身者に支配されているかのように見える。

なにも子供のころから軍人精神をたたきこんで、プロイセンのような生硬な軍人を育てようとしたわけではなかった。昭和に入ってから中学から行なわれた学校教練だが、あんな中途半端なものと幼年学校では行なわなかった時代が長い。当局の方針は、精神の向上教育をするところだとした。もちろん武窓だから武骨ばったところがあるが、そもそも社会から隔離して教育することなど、できるものではない。特に海軍の軍人はそのあたりを理解できず、幼年学校出身者は唯我独尊、孤高独善と敵視した。これが人の配分とからんでくる。陸軍は青田刈りして優秀な人材を抱え込むと海軍は批判し、これが陸海軍の統合を阻んだひとつの理由とされている。

第三章　軍備計画と大正軍縮

真に国力を充実するにあらずんば、
いかに軍備の充実あるも活用するにあたわず。
平たくいえば、金がなければ戦争ができぬということなり。

加藤友三郎

◆『帝国国防方針』の策定

日露戦争において日本陸軍は、どうにか「辛勝」という形にまでもっていったとされる。日本側が最後の決戦とした明治三十八（一九〇五）年三月一日から十日までの奉天会戦では、奉天を占領できたものの、ロシア軍主力を包囲するだけの戦力がなく、陸続として北上していくロシア軍を見守るほかなかった。決戦を意図したものの、息切れして決戦にならなかったわけだ。つぎなる戦略目標は、東清鉄路上のハルピンだが、ここは奉天から南満支線で五五〇キロだ。これを押しあげていく国力そのものが日本になかった。奉天会戦で日本軍は、三三万発の砲弾を射耗したが、これが軍需生産の限界だった。その砲弾も破片効果があまり期待できない鋳鉄製のものすらあった。

さらに深刻な問題は、損耗が激しい下級将校の補充が困難になったことだった。一年志願制による予備少尉を動員してもなお足りない。明治三十八年秋、急ぎ一〇〇〇人を越える臨時募集した陸士一九期生が第一線で使えるようになるには、二年はかかる。このような実情を知ると、陸軍は「辛勝」と評するよりも、ようやく引き分け、もしくは「負けはしなかった」というべきだろう。

その一方、海軍は圧勝だった。明治三十七年末までに極東におけるロシア艦隊を一掃した。そして明治三十八年五月二十七日、二十八日の両日で東航してきたバルチック艦隊のほとんどを対馬海峡で撃沈した。これで海軍にとっては、北方の脅威が消え去った。まさに「此ノ一戦」でロシアは海軍力そのものを失った。それ以降、ロシア海軍は三流の沿岸海軍に落ちぶれ、一九八〇年代になってもソ連海軍は本格的な大洋艦隊の域にはいたっていなかった。日露再戦に備えて緊張感を維持している陸軍、大勝で余裕の海軍、そんな同床異夢のなかでこれからの戦略方針はどうあるべきかの模索がはじまった。平時からきちんとした陸海軍共同の作戦計画を立案しておかないと、強化された日英同盟（一九〇五年八月、ポーツマス条約締結の直前に改定された第二回日英同盟協約）が有効に機能しないというのがおもな理由だった。この主唱者は山県有朋、主務者は参謀本部第一部高級部員の田中義一だった。日英同盟を持ち出されては、海軍も素直に同意するかと思えば、どうもそうではなかったようだ。この問題について海軍の態度は判然としないが、つぎのように推察できるだろう。

とにかく海軍は、国家としての想定敵国の第一をロシアとすることには納得できない。日露戦争で圧勝、もはやロシアは敵ではないと海軍が考えるのも当然だろう。ロシアに対する戦備を進めれば、軍事予算は陸軍に傾斜配分され、海軍は冷や飯を食わされる。こればかりは避けたい。加えてあらゆる面で陸海軍対等でなければ満足しないのが、建軍以来の海軍の姿勢だ。明治三十六年の戦時大本営条例では、陸軍と海軍は対等な立場となった。それだからなにも陸軍の都合にあわせて、国防方針を定める必要はないというのが海軍の姿勢だ。

このあたりの海軍の呼吸を心得ている山県有朋は、元帥府会議と天皇の絶対的な権威を十二分に活用して、明治四十年四月に『帝国国防方針』と『帝国軍用兵綱領』とを定め、陸軍の意向を形にした。このふたつの文書は、戦前の日本において最高の国家機密とされていた。正本は宮中に収められ、写本は五通のみ、首相、陸相、海相、参謀総長、海軍軍令部長（昭和八年九月、軍令部総長と改称）がそれぞれ厳重に保管していた。これらを直接手に取って閲覧できるのは、参謀本部第二課（作戦課）か海軍軍令部第一課に勤務した者だけだったといわれている。終戦時、一切焼却されたが、そこは万事融通がきく日本人だから、閲覧した者がノートに書き写していたりと、現在もほぼ正確な内容を知ることができる。

とにかく最高の機密文書なのだから、全文を紹介することにも意味があるだろう。なお、これは『戦史叢書　大本営陸軍部［1］』（防衛庁防衛研修所戦史室編、昭和四十二年、朝雲新聞社刊）に掲載されているものだ。


『帝国国防方針』
一、帝国国防ノ本義ハ自衛ヲ旨トシ国利国権ヲ擁護シ開国進取ノ国是ヲ貫徹スルニ在リ
二、帝国国防ノ方針ハ帝国国防ノ本義ニ基キ国力ニ鑑ミ勉メテ作戦初動ノ威力ヲ強大ナラシメ速戦速決ヲ主義トス
三、帝国ノ国防ハ帝国国防ノ本義ニ鑑ミ露国、米国、仏国ヲ目標トシ東亜ニ於テ攻勢ヲ

採リ得ル兵備ヲ整フ

四、帝国国防ニ要スル兵力ハ左ノ如シ

陸軍五〇コ師団

海軍八八艦隊

正直なところ、なんでこれが国家機密なのかと思うが、順番をつけた想定敵国と軍事力の上限を明示しているから知られたくなかったのだろう。それにしても、戦争に負けた、戦争責任を追及されそうだ、そら焼いてしまえといった性格の文書ではないと思う。『帝国軍用兵綱領』は推定の概要も長文なので、陸海軍の関係に言及している部分だけを紹介したい。

『帝国軍用兵綱領』

一、帝国軍ノ作戦ハ国防方針ニ基キ陸海軍ノ誠実ナル協同ニ依リ初メヨリ攻勢作戦ヲ採ル……（略）

二、……（略）露国ニ対スル海軍ノ作戦ハ対馬海峡ノ領有ヲ確実ニシテ成ル可ク速ニ敵ヲ撃破シ若ハ浦潮斯徳（ウラジオストク）ヲ封鎖ス……（略）

六、参謀総長、海軍軍令部長ハ本綱領ニ基キ各作戦計画ヲ立案シ相互ニ商量協議ヲ重ネタル後裁可ヲ奏請スルモノトスこの『帝国国防方針』と『帝国軍用兵綱領』は、補修と改定を三回重ねることとなる。すなわち、第一次世界大戦の終結がほぼ確実となった大正七（一九一八）年六月に補修、シベリア出兵が終了した大正十二年二月に改定、ソ連の権益だった北満鉄道（東清鉄路）の譲渡が決まってからの昭和十一（一九三六）年六月に再改定されている。それぞれのポイントは、その都度ふれてみたい。

『帝国国防方針』の策定が、亡国の第一歩と説く識者も多い。しかし先入観なく読めば、どの国でも考えるような、ごく平凡な安全保障政策の軍事的側面だといえよう。ここで問題としたいのは、この基本方針にそって陸海軍が意思統一し、共通した作戦計画を立案していたかどうかだ。もし、そうでなかったとしたら、それこそ亡国の因といえるだろう。陸軍と海軍の協定というものはよくあったが、共通の作戦計画が策定された最初はなんと昭和二十年一月二十日決定の『帝国陸海軍作戦計画大綱』で、これが最後となる。昭和十六年度という決定的な場面を見ると、陸軍の年度作戦計画は昭和十五年十二月二十四日に允裁を受けているが、海軍の計画は昭和十六年四月まで持ち越されている。明らかに統合作戦計画というものはなかったのだ。

どうして陸海統合を考えることなく太平洋の戦いに乗り出したのか。海軍がつねに陸軍との共同、統合に無関心、さらにはそれに反対だったからだ。どうして海軍がそういう姿勢になったかと考えれば、「海のことは船乗りにまかせなさい」はよいとしても、「海のことは理解できないだろうから説明しない、教えない」といった意識があるからだ。日露戦争で辛勝した海軍は、「大陸への航路は大掃除しておいたから、陸軍さんひとりで渡れますよ」と考えているから、共通した作戦計画の必要性を感じない。国家戦略にも関心が薄く、『帝国国防方針』に「自衛ヲ旨トシ」の一節が入れば、それで結構だとする。この一節さえ入っていれば、イギリスとの協調関係が保たれ、海軍の戦略的な立場は盤石だという考えだ。また、海軍の主張によって、想定敵国の第二位にアメリカが入ったことが特筆されている。しかし、陸軍がロシアを想定敵国としたような深刻さはうかがえない。明治四十年前後、日本とアメリカのあいだには、これといった問題もなかったことからして、戦力整備の目標といった性格のものだった。

陸軍は日露再戦を予想した軍備を進めたいとはいうものの、国際環境は大きく変化しつづけた。『帝国国防方針』が策定されてから三ヵ月後の一九〇七年七月、日露協商が締結され、同年八月にイギリスとロシアは協商関係をむすび、日英露の友好関係は一応形になった。一九一四(大正三)年七月からはじまる第一次世界大戦では、日本とロシアは同盟関係にあり、日本はロシアに武器や弾薬の援助も行なった。大正七年から十一年までのシベリア出兵も北方の危機が再燃したという性格のものでもない。

◆数値目標の絶対化と朝鮮増師問題

差し迫った戦争の脅威もないとなると、『帝国国防方針』で示されたもので記憶されているのは数値目標のみ、すなわち「陸軍五〇コ師団、海軍八八艦隊」だ。日本文化の特徴なのか、数値目標を示されるとその数字が神聖なものとなり、その意味や背景などをすっかり忘れてしまう。まして天皇の裁可をえたものだとなると、その数字は絶対的な権威を帯びる。限られた財源で陸軍、海軍の双方を満足させることはできないから、予算の獲得合戦となって、陸海軍は対立関係となる。

まず、陸軍の数値目標五〇コ師団だ。当初の見積では、ロシア陸軍の総兵力は一〇〇個師団、うち欧露部に三二コ師団、各地の治安維持に一三コ師団、極東正面には五五コ師団を回せるとした。シベリア鉄道、東清鉄路の輸送力からも、この数字がでてきた。この極東ロシア軍とハルピン付近で決戦し、かつウラジオストクを攻略するとなると、五〇コ師団が必要だと弾き出した。もちろん、この五〇コ師団は戦時所要で、平時は常設師団として二五コを維持する。動員によって平時編制の師団を戦時編制とし、さらに戦時編制の師団二五コを編成する計画で、これを二倍動員と称していた。

日清戦争当時の日本陸軍は、近衛師団と第一から第六師団の七コ師団体制だった。これが明治三十六年までに一三コ師団に増勢され、日露戦争中に野戦師団四コ、後備師団二コが臨時編成された。日露戦争後に後備師団は復員したが、野戦師団は常設師団となり、高田の第一三師団、宇都宮の第一四師団、豊橋の第一五師団、京都の第一六師団となった。続いて明治四十年十月までに二コ師団が増設され、岡山の第一七師団、久留米の第一八師団となり、常設師団一九コ師団体制となった。『帝国国防方針』で示された平時の師団の数値目標まであと六コ師団となったものの、日露戦争では賠償金が得られなかったために緊縮財政の壁が立ち塞がった。

残る六コ師団をどうするかの筋道がつかないまま、明治四十三（一九一〇）年八月に日韓併合となった。第二次西園寺公望内閣の上原勇作陸相は、新たに日本の国土となった朝鮮半島の警備に必要な二コ師団の増師をもとめた。日本海側の第一九師団と、黄海側の第二〇師団だ。この増師は六年計画の事業で、初年度の経費は一〇〇〇万円だった。ちなみに明治四十五年度の歳出総額は五億八二〇〇万円、陸軍費は九五〇〇万円、海軍費は九四〇〇万円だった。

明治四十四年八月に成立した第二次西園寺公望内閣の柱は、日露戦争中の国債を償還するための行政改革だった。翌四十五年五月の総選挙で与党の政友会が大勝したことを背景に、政府は各省庁に一割から一割五分の経費削減を強く求めていた。そんな財政事情のなかで、陸軍は経常費を節減して朝鮮増師にまわし、さらに不足分は国庫繰入金やほかの事業を繰延べして自前で経費を捻出するとしていた。しかし、いかにも時期が悪く、内閣も政友会も陸軍の計画に同意しないと見られていた。

当時、陸相だった上原勇作は、それを承知のうえ、陸軍の期待を一身に背負って果敢に突撃した。陸軍次官は岡市之助少将、軍務局長は田中義一少将、軍事課長は宇垣一成大佐と軍政面では最強の布陣だから、二コ師団の増設はできるだろうと踏んでいたのだろう。たしかに陸軍には、大義名分があった。島国だった日本が、鴨緑江と豆満江の約一二〇〇キロという国境を抱えるのだから、朝鮮二コ師団増師が必要なことは、お公家さんの西園寺公望でもわかるはずとするのも理解できよう。

ただ、「大森の雷親爺」といった方がとおりのよい上原勇作陸相は、すぐに興奮して高圧的になるキャラクターだから話はこじれる。閣議の席でも最初から敵意剥き出しで、朝鮮増師の説明をもとめられても、「賛成するなら説明もしよう。しかし、貴公らはどうも賛成する気がないようだから説明しない」とやってしまう。このような一本気なところは軍人のよいところだが、首相が公家の内閣では敬遠されて拒否される。

結局、大正元（一九一二）年十一月三十日の閣議で朝鮮増師問題は見送られることとなった。閣議のレベルで門前払いされた上原勇作陸相は激怒し、軍部大臣にのみ認められている単独上奏して十二月二日に陸相を辞職してしまった。陸軍は省部（陸軍省、参謀本部、教育総監部。いわゆる中央三官衙）をあげて大喜びだ。上原は宮崎県で工兵科出身だが、「さすがは都城、薩摩隼人」「俺の屍を越えて行けとは、工兵魂」とやんやの喝采だ。山県有朋も政府の姿勢に不満なのだから、いくら騒いでも出世に響かない。喝采だけでも政界は震えあったろうが、なんと陸軍は後任陸相をださない構えを見せた。陸軍が陸相を推挙しなければ、内閣は成立しない。これで十二月五日、第二次西園寺公望内閣は総辞職となった。

この陸軍による横車の倒閣という出来事は、あってはならない軍部の政治介入、憲政を踏みにじる行為と今日なお大きく取りあげられている。これが陸軍悪玉論、それに対する海軍善玉論のはじまりとなった。ちなみにこの朝鮮増師問題は、大正三年四月成立の第二次大隈重信内閣のとき、第三十二特別議会でこれに要する継続費一二〇〇万円が可決され、大正九年度に両師団の編成が完結した。これでどうにか平時二一コ師団体制となったものの、羅南の第一九師団と龍山の第二〇師団は、大正十四年度まで戦時編制に移行できなかった。それでも平時二一コ師団体制となり、あと四コ師団となった。そしてこれが陸軍の平時におけるピークとなった。

陸相が上原勇作という特異なキャラクターだったから起きた政変だったが、海軍が常に憲政に柔順だったわけではない。海軍は陸軍の一枚上を行く策士がそろっていたことも記憶されるべきだろう。山本権兵衛という人は、軍人というよりは辣腕の政治家として知られている。彼一流のテクニックは、留任を渋って見せて交換条件を引き出すというものがあった。これをそばで見ていた山本の秘蔵っ子、斎藤実はこれに磨きをかけて政治の舞台に登場してきた。

岩手県人といえば、原敬、後藤新平、米内光政といった政治のセンスが鋭い人が思い浮かぶが、斎藤実もこの例にもれない。斎藤は海兵六期、明治三十一年十一月から三十九年一月まで海軍次官、仕えた海軍大臣は山本権兵衛だった。山本の後任が斎藤で、大正三年四月まで海軍大臣を務めることとなる。日露戦争後の建艦計画を一手に引き受け、それを押し通してきたのだから、辣腕と評するほかはない。

第二次西園寺公望内閣の海相に留任する条件として、斎藤実はとてつもない軍備緊急充実案を閣議に提出してその実行を迫った。その内容は、明治四十五年度を初年度として七ヵ年計画、継続費として三億五〇〇〇万円、戦艦七隻を建造するという大計画だった。もちろん、日露戦争後の緊縮財政、とてもそんな予算はだせない。話がちがうと立腹する斎藤を財界人まで動員してなだめすかし、明治四十六年度以降、戦艦三隻の建造を認めることで落ち着いた。

前述したように大正元年十二月、上原勇作陸相の一撃で倒閣、第三次桂太郎内閣となり、斎藤実は海相留任をもとめられた。そこで斎藤は、「海主陸従」の予算編成を留任の条件とした。「ニコポン」の桂太郎は人あたりがよく、どっちつかずの解決を図る名人だった。難物の斎藤をうまく丸めこんだつもりだったが、明治四十五年度予算は以前どおりとすると、斎藤海相は強く反発して留任を拒否した。これには困った桂首相は、天皇による仲裁、優詔(ゆうしょう)を願った。下された優詔は、「朕惟フニ卿久シク海軍軍政ノ局ニ膺(あた)レリ方今機務多端タリ　卿ニ須(ま)ツコト殊ニ多シ　宜シク疾ヲ力メテ懇々ノ節ヲ効スヘシ」とあった。

天皇絶対の時代だから、これで騒動も幕となるはずだが、そうはならなかった。初閣議の席で桂太郎首相は予算概要書を示し、各大臣の署名捺印をもとめた。すると海軍の軍備補充計画案の記載がないと、斎藤実海相は署名捺印を拒んだ。さらに桂首相を訪問した斎藤海相は、「海軍充実案がない以上、いくら優詔があっても辞職する」と迫った。これには桂首相も降参し、斎藤海相の要求を受け入れることとなった。

◆壮大な八八艦隊構想

閣僚の一員が首相を恐喝したり、天皇の仲裁を無視してまで、なにを押し通そうとしたのか。それは『帝国国防方針』で示された八八艦隊だ。当初は戦艦八隻、装甲巡洋艦八隻を主力とする艦隊とされたが、のちに装甲巡洋艦は巡洋戦艦となった。語呂がよいせいか、それとも往時の栄光に思いをはせているのかは知らないが、一時期の海上自衛隊では護衛艦八隻、搭載ヘリコプター八機の護衛隊群を「八八艦隊」と俗称していた。

この「八」という数字には、軍事的に大きな意味がある。姉妹艦という言葉があるように、同型艦二隻をペアとして運用するのが基本だ。このペアふたつで四隻、それをまたふたつで八隻ということで「八八艦隊」となるわけだ。この上はとなると「一六・一六艦隊」となり、最盛期の英国艦隊はこれをほぼ達成していた。海軍の戦闘というものは、予備を控置したり、制圧した空間を確保するという観念が薄いから、このような数字で割り切る単純な発想をするのだろう。

このようなドクトリンに基づく海軍力の整備計画を世界的に加速させたのが、日本海軍が演じて見せた日本海海戦のパーフェクト・ゲームだった。それまでの常識では、機関室や弾薬庫といったバイタル・パートを装甲板で防護した主力艦は、砲撃だけでは沈まないとされていた。ところが日本海海戦では、その常識がくつがえった。そのハイライトは、明治三十八年五月二十七日午後六時ころの第三次合戦だった。

連合艦隊の第一戦隊は、バルチック艦隊の主力を再度捕捉して集中打を浴びせた。第一戦隊は六隻、その火力は一二インチ砲一二門、一〇インチ砲一門、八インチ砲六門、六インチ砲八〇門だ。数ノットの速力差をいかして常にバルチック艦隊の頭を押さえる形で圧迫し、全火力を敵嚮導艦に向けた。これで戦艦アレクサンドル三世は汽罐を直撃されて轟沈し、生存者はなかった。戦艦ボロジノは弾薬庫に火が回ってこれまた轟沈、生存者は一人だけだった。

砲撃だけで敵戦艦を撃沈できるならば、話は簡単、T字（丁字）戦法を考えていればよい。縦隊で迫る敵艦隊を横隊で迎え撃ち、こちらの全火力を敵の嚮導艦に向け、逐次に撃破していく戦法だ。そのような有利な対勢にもっていく、それが艦隊運動の腕とされる。このように戦法が図式化されると、もとめるものは主力艦の隻数、敵の主砲よりも長射程の砲、そして優速だ。奇跡的な大勝利をおさめた日本海軍が描いた勝利の方程式は、以上のようにイメージできる。

ところが、なんのために、どこの国の海軍と、どこの海域で艦隊決戦をするのかという戦略構想になると、いまひとつはっきりしない。『帝国国防方針』と『帝国軍用兵綱領』によれば、西漸してくるアメリカと自衛のために戦うとしている。しかし、日英同盟がある国際環境では、日本とアメリカが戦うことは考えにくい。アメリカとイギリスがたがいに相手の海軍力を参考にして軍備を進めているのと同じ感覚で日本海軍も米海軍を見ており、それが仮想敵ということなのだろう。

では、どの海域で米艦隊と戦うのか。当初の構想では、西海岸からハワイを経由してマニラに向かう米艦隊を第一列島線（南西諸島、台湾、ルソン島）の付近で迎撃するとした。そのため連合艦隊は奄美大島の笠利湾に集結、待機するとしていた。日本海海戦時、連合艦隊が鎮海に集結したと同じ構想だ。もちろんより東での迎撃が望ましいとなれば、第二列島線（伊豆諸島、小笠原諸島、マリアナ諸島、カロリン諸島、マーシャル諸島）となるが、マリアナ諸島のグアム島はアメリカ領、それから南の諸島はドイツ領となっており、前進根拠地が設定できなかった。

このような戦略関係に変化をもたらしたのが、第一次世界大戦だった。日英同盟のよしみということで、一九一四（大正三）年八月に参戦した日本は、十月中旬までに赤道以北のドイツ領の島嶼を占領した。そして一九一九年五月のベルサイユ会議でこの地域は日本の委任統治領とされた。これで連合艦隊の全力が入泊できるカロリン諸島のトラック環礁を前進根拠地として確保できた。こうしていわゆる「内南洋」において、まず潜水艦による攻撃、次いで水雷戦隊による夜襲と敵戦力の漸減をはかり、主力艦の砲戦で決着という図式が描けることとなった。

対米戦争に勝機ありと、はっきり示したのが大正七（一九一八）年六月に補修された『帝国国防方針』と『帝国軍用兵綱領』だった。これによると陸軍は戦時五〇コ師団から四〇コ師団となった。ロシア革命と第一次世界大戦の終結という国際環境を考えれば当然の施策だ。ところが海軍は、「八八艦隊」からさらに進んだ「八八八艦隊」を目標にした。これは戦艦八隻の艦隊二コ、巡洋戦艦八隻の艦隊一コを意味するが、艦齢八年までにそろえた「八八艦隊」だとする人もいる。どちらにしろ、とんでもない予算を必要とする。「八八艦隊」の予算措置は、明治四十四年度からはじまった。それまでの艦艇建造費は、軍艦製造および建築費、艦艇補足費、整備費、補充艦艇費とに分かれていたが、明治四十四年度から一括して軍備補充費として要求することになった。

明治四十三年十二月からの第二十七議会で認められた軍備補充費は、既定総額と追加額を合わせて四億三四三〇万円、四十四年度から四十九年度まで六年にわたる継続費とされた。ちなみに、この明治四十四年度に建造がきまった戦艦「扶桑」は、六年後の大正四年十一月に竣工だから、予算措置は継続費としなければならないわけだ。

大正六年六月からの第三十九特別議会で、加藤友三郎海相は六年度以降七ヵ年継続費として、二億六一五〇万円の軍備補充費の追加を要求して成立、ここに「八四艦隊」の完成が見込まれることとなった。つづいて同年十二月からの第四十議会で大正九年度以降の継続費として三億五〇万円の追加が認められ、「八六艦隊」が可能になった。そして大正九年六月からの第四十三特別議会で、大正九年度から十六年度にわたる継続費の追加として七億六〇一〇万円が認められ、これによって「八八艦隊」の予算措置が完了した。もちろん各年度で物価騰貴による追加措置は毎年行なわれる。

「八八艦隊」の建設に必要とされたこの予算額は、日本全体にとってどんな負担だったのか。大正九年度から昭和二年度までの歳出総額は一二二億九六〇〇万円、軍事費の支出総額は四三億一〇〇〇万円だった。その建艦費七億円とは国庫全体の五パーセント、軍事費の一六パーセントに相当する。この傾斜配分では、陸海軍のバランスが失われ、ひいては国家財政が立ち行かなくなる。「八八艦隊」計画の推進者である加藤友三郎すらもそれを十分理解して

大正９年10月27日、宿毛湾外で公試運転中の長門

［表5］　**八八艦隊構想の結末**

戦艦

「長門」大正9年11月、呉工廠で竣工

「陸奥」大正10年10月、横須賀工廠で竣工

「土佐」大正9年2月、三菱長崎で起工、大正14年2月、廃艦

「加賀」大正9年7月、横須賀工廠で起工、昭和3年3月、空母として竣工

「紀伊」未起工で建造中止

「尾張」未起工で建造中止

第7号艦、第8号艦、未命名のまま計画放棄

巡洋戦艦

「天城」空母に改装中、関東大震災で被災、廃艦

「赤城」大正9年12月、呉工廠で起工、昭和2年3月、空母として竣工

「愛宕」製艦材料蒐集中で建造中止

「高雄」製艦材料蒐集中で建造中止

第5号艦～第8号艦　未命名のまま計画放棄

おり、この「八八艦隊」の予算が成立したとき、「案は成立したが、今後この計画が予定どおりに実現されて行くのは容易ならぬ難事だ」と周囲に語っていた。

戦艦「長門」が「八八艦隊」の一番艦となり、大正六年八月に呉海軍工廠の造船ドックで起工され、八年十一月に進水、九年十一月に竣工、引き渡しとなった。「長門」の最終建造費は四三九〇万円だった。これほど高額のものを一六隻、さらに八隻も建造しようとしたのだから唖然とする。艦隊を整備するとなれば、主力艦だけでは足らず、駆逐艦、潜水艦など補助艦艇も整備しなければならない。当時の計画として、巡洋艦二四隻、駆逐艦七二隻、潜水艦六四隻という数字が残っている。「八八艦隊」計画の結末については、［表5］を参照されたい。

◆矮小化されたシーメンス事件

国家の最高機密である『帝国国防方針』に記載され、またそれが国家機密になった大きな理由でもある国防力の上限目標「八八艦隊」構想は、当然、秘密にされていたはずだと思うだろう。今日の民主主義国家でも軍事力については、予算措置がなされたものについてはオープンになるが、計画段階での詳細は公表されないのが普通だ。それがあの当時、学生ですら『八八艦隊』の詳細を承知しており、この大艦隊建設の是非について公然と論じられていた。なぜかといえば、海軍当局がさかんに広報していたからだ。どうしてかと探ると、シーメンス事件があったからとなる。

大正三（一九一四）年一月、上海外電があるニュースを伝えた。ドイツの電気機器専門商社のシーメンス社（ジーメンス&シュッケルト社）の元東京駐在員が、日本海軍と違法取引をしていると同社を恐喝し、逮捕されて裁判となっているとの報道だ。具体的には、イギリスのヤーロー社に発注した駆逐艦「浦風」の電機関係の艤装品納入にからんで二〇〇〇～二五〇〇ポンド、また部品を納入したテレフンケン社から七万五〇〇〇マルクを「ジャパニーズ・フレンド」に贈賄したとする。その日本の友達とは、艦政本部第四部長の藤井光五郎機関少将、同部員の澤崎寛猛大佐とされた。

外電で報じられたうえ、ちょうど開会中の第三十一議会で野党が追及したので、隠しようがなくなった海軍当局は、軍事参議官の出羽重遠大将を委員長とする一一人の委員からなる海軍査問委員会を組織して真相究明に乗り出した。海軍軍令部第一班首席参謀だった秋山真之少将も委員のひとりだった。首相は山本権兵衛、海相は斎藤実、海軍次官は財部彪中将、艦政本部長は伊地知季彦中将の時のことだ。

容疑者は組織防衛のため黙秘を続けたかと思いきや、すらすらと自供してすぐにもとんでもない腐敗構造が浮かびあがってきた。事件発覚時、呉鎮守府司令長官でまえの艦政本部長の松本和中将を首領とする収賄団の存在が明らかになった。明治四十三年、巡洋戦艦「金剛」をイギリスに発注するにあたり、メーカーをビッカース社かアームストロング社のどちらにするかの調査にあたったのが藤井光五郎だった。彼はビッカース社を選定し、その謝礼として四万八〇〇〇円を受け取った。大将の年俸が七五〇〇円、中将の年俸が五〇〇〇円の時代の話だ。

犯科帳はまだまだつづく。横須賀の海軍工廠で建造する巡洋戦艦「比叡」のタービンをビッカース社に発注して二七万円、駆逐艦のメーカーで知られるヤーロー社に主機関を発注して二万四〇〇〇円、呉の海軍工廠砲塔組立工場の鋼材をアロール社に発注して一万七〇〇〇円などなど、藤井光五郎の訴因だけでも八件となった。裁判の結果、松本和は懲役三年、追徴金四一万円、藤井光五郎は懲役四年六ヵ月、追徴金三六万八〇〇〇円、澤崎寛猛は懲役一年、追徴金一万一〇〇〇円となった。

これら収賄したカネは、つぎの海軍大臣就任が確実と見られていた松本和のもとに集められていた。彼らの弁明によると、「大臣になった際の工作資金としてプールしていた。だから全額、銀行にあり、私的な流用はない」ということだった。それほど海軍大臣というポストは、不明朗なカネがかかるものなのか。それを知ると、さまざまな疑問が氷解する。上は宮中だが、ひらの侍従までが「海軍さんはお話のわかるお友達、われわれのお仲間」と語る。下はマスコミ、これまた海軍には好意的だ。海軍省の記者クラブは黒潮会といったが、ここに属した人の多くは戦後になっても海軍びいきだった。大正三年三月、この事件に端を発し、第一次山本権兵衛内閣が総辞職するほどの大事件なのに追及の手をゆるめ、シーメンス事件と呼んで矮小化を図る。海軍をしゃぶれば、蜜の味がするわけだ。

では、山本権兵衛、斎藤実はどうなのか、海軍大臣として裏金が必要だったのではないかとの疑惑が広がるのは当然だ。そんな国民の血税を食い物にするような連中のいいなりになって、予算をつけてやる必要はないと世論が盛り上がる。実際、デモ隊が日比谷にあった国会を取り巻き、軍隊が出動する騒ぎも起きた。そこで海軍は、暖かい懐をはたいてかどうか知らないが、海軍力整備の重要性を広報し、国家機密のはずの「八八艦隊」構想までも大宣伝したというわけだ。

大正、昭和となると、国内の技術や産業基盤が発達し、艦艇や搭載兵器はほぼすべて国産となった。だからシーメンス事件のような不明朗な話はなくなったとするのは早計だ。砲熕や水雷関係、潜水艦などは厚い軍事機密のベールに包まれ、会計検査の手もおよばない。やろうと思えば、裏金つくりは容易なのだ。後ろ暗いことがつづいたと断言できないにしろ、そうだとしないと話のつじつまが合わないことも多い。なにか美談のように広く語り継がれている提督の花柳界でのもてぶりは、なぜ可能だったかの説明がつかない。

このような不祥事は、長らく予算を海軍に譲ってきた陸軍をいたく憤慨させたことはまちがいない。陸軍の軍人は誰もが清廉潔白、裏金など縁がないとまではいえないが、装備などをめぐって巨額な収賄が可能な環境にない。戦艦「長門」がその主砲、一六インチ砲八門を一回斉射すれば三万二〇〇〇円、二五ノットで一昼夜突っ走れば燃料費六万五〇〇〇円だ。陸軍では一発七銭五厘の小銃弾を数えながら撃ち、兵隊さんをいくら歩かせても経費はかからない。

ちなみに主犯として有罪となった藤井光五郎機関少将は、陸軍の藤井茂太中将の実弟だった。当時、藤井中将は一等師団の第一二師団長、あとひとつポストをこなせば大将というコースだった。ところが、このシーメンス事件で道義的な責任を負って、藤井中将は予備役編入となった。陸大一期生で新しい時代の担い手と期待された人材を失ったことも、陸軍にとって不愉快な出来事となった。

◆国際協調のもとでの海軍軍縮

一九二一（大正十）年十一月からワシントン会議（参加国は、アメリカ、日本、英国、フランス、イタリア、オランダ、ベルギー、ポルトガル、中国の九ヵ国）が開催されることとなり、日本は加藤友三郎海相、徳川家達貴族院議長、幣原喜重郎駐米大使、植原正直外務次官を全権委員として送り出した。海相不在間、その事務管理はまず原敬首相、ついで内田康哉外相、高橋是清蔵相があたることとした。これをまず陸軍が問題とした。軍部大臣の身分は文官だが、現役の大将もしくは中将のポストと決まっているのに、まったくの文官にまかせるとはなんとも軽率で非軍紀というわけだ。これもまた陸海軍離反の因ともなった。

アメリカの提唱によるこの会議は、軍備制限、太平洋問題、極東問題の三点を議題とするものだった。翌二二年二月までに、日英同盟の破棄と日米英仏四ヵ国条約の締結（十二月十三日）、中国問題に関する九ヵ国条約の締結（二月六日）、そして海軍軍備制限条約が締結（二月六日）された。日本外交の基調となってきた日英同盟（一九〇二年一月調印）の破棄、中国の国権回復運動にはずみがついたなど、日本にとって大きな曲がり角となった会議だった。ここでは海軍軍縮問題だけを見て行きたい。

海軍の軍縮については、各国の思惑はさまざまだったろうし、日本の「八八艦隊」をテーブルのうえで沈めてしまえとの英米の陰謀だとの極論もあるようだ。ここでは、第一次世界大戦の前からの建艦競争、そして大戦中の大増強で極端にまで水ぶくれした海軍力を維持できないという悲鳴から、各国が協調して海軍の軍備を制限しようとしたとの平凡な見方にそうこととしたい。日本の場合、大正三年度の海軍費は一億三九六万円、それが大正八年度になると二億四九六〇万円、なんと六年で二・四倍増、物価上昇を考慮しても異常な事態だ。これをなんとかしなければと、日本もワシントン会議に期待するものがあったのだろう。

第一次世界大戦の終戦記念日となる十一月十二日、まず会議の提唱者であるウォーレン・ハーディング米大統領が開会の辞を述べて、ついで議長に推されたチャールズ・ヒューズ米国務長官は、まったく外交慣例では異例なことに、開会式の席で詳細な数字をあげて軍備縮小案を提議した。イギリスとアメリカの間では打ち合わせずみだったろうし、フランスとイタリアにも概要は伝えてあったはずだ。ところが日本にとっては、まったくの寝耳に水で奇襲された。その奇襲効果が薄れるまえに話が進んでしまい、日本はアメリカの原案をのまされる形となった。しかし、「八八艦隊」構想がいかに巨大なものかを実感している加藤友三郎海相は、このような事態を覚悟していただろう。

ヒューズ提案の骨子は、つぎのようなものだった。アメリカは一九一六年計画の主力艦一六隻中、一五隻の建造と計画を放棄し、老齢艦一五隻・二三万トンを廃棄する。イギリスは計画中の主力艦四隻を放棄し、主力艦一九隻・四一万トンを廃棄する。日本は建造中と計画中の一五隻を放棄し、老齢艦一〇隻・一六万トンを廃棄する。協定成立後、一〇年間の建艦休息期（ネイバル・ホリデー）をもうけ、この期間中には代艦の建造はしない。一〇年後における代艦トン数は、アメリカ五〇万トン、イギリス五〇万トン、日本三〇万トンとするとの内容だ。

一〇年後とはいっても、主力艦の建造には時間がかかるから、今後二〇年ちかくにわたって日本海軍は、主力艦で対英米六割に押さえつづけられることとなる。日本側首席専門委員の加藤寛治中将は、対英米七割を強く求めた。日露戦争中の黄海海戦で旗艦「三笠」の砲術長、日本海軍の大砲屋を代表する加藤中将としては、この七割は死守すべき目標だった。六割と七割、トン数にして五万トンだが、海戦ではそのトン数以上の死活的な意味がある。

海戦にまつわる方程式、公式はさまざまあるが、そのひとつがN二乗法だ。海戦時の火力発揮能力は、静的なトン数比の二乗に比例するということだ。英米のトン数が一〇、日本のそれが六とすれば、火力比は一〇〇対三六となる。この格差のもとで一定時間、砲戦を交えると、劣勢側は全滅、優勢側はなお八〇の火力を発揮できる計算になるという。またべつな計算によると、劣勢側が全滅した時点で優勢側には無傷の一隻が残るともいう。どちらにせよ、六割側に勝ち目はない。

さらに簡単なゲーム感覚で見ても七割死守は理解できる。アメリカは太平洋と大西洋の両洋艦隊だから、トン数比一〇対六ならば日本に向けられる火力は五〇で、日本は三六だから、日本は勝利を期待できない。それが対米七割ならば、五〇対四九となってほぼパリティー、練度などによって完勝がのぞめる。だから七割必要なのだという論理だ。

またひとつの差し迫った問題は、大正九年五月に横須賀の海軍工廠で進水した「八八艦隊」二番艦の戦艦「陸奥」を救うことだった。艤装工事を急がせ、十年十月に竣工ということにして条約外にしたつもりだったが、どうも形勢があやしい。同型艦の「長門」とペアで運用して十二分の戦力発揮が望めるのだから、これをどうしても保有したい。また主力艦の建造能力からしても、戦艦「陸奥」は譲れない。一九一〇年代後半からアメリカは、海軍工廠が四ヵ所（ニューヨーク、ノーフォーク、フィラデルフィア、メアアイランド）、民間三ヵ所（ニューヨーク造船のカムデン、ニューポート・ニューズ造船、ベツレヘム・スチール社のクインシー）で戦艦の建造が可能だった。日本は、呉と横須賀の海軍工廠の二ヵ所、民間の三菱長崎と川崎神戸の二ヵ所だ。この建造能力の差からしても、戦艦「陸奥」を救っておかなければならない。

この二つの問題の交渉は難航した。そこでイギリスの全権アーサー・バルボアは、局面打開のための私案を示した。アメリカはグアム島とフィリピンの海軍根拠地、イギリスは香港などの根拠地や要塞の現状維持を厳守するから、日本は主力艦の保有比率、対英米六割に同意してくれということだった。加藤友三郎という人は、海軍軍人らしい正直な紳士だから、駆け引きなくこの提案に応諾した。国際協調のうえからも、この条件で対英米六割で手をうつべきだと政府に請訓した。このやりとりまで米当局は盗聴して暗号を解読していたのだから、どうあがいても勝ち目はなかったということになる。

戦艦「陸奥」の復活にも、多大な代償を支払った。日本は「陸奥」を保有する代わりに戦艦「摂津」を廃棄する。アメリカは戦艦コロラドとウエスト・バージニアの二艦を保有し、代わりにノース・ダコタとデラウェアを廃棄する。イギリスはキング・ジョージ五世級四隻を廃棄して、ネルソン級二隻を新造する。これで世界最大の一六インチ主砲だけを見れば、アメリカ二四門、イギリス一八門、日本一六門と、どことなく納得させられる数字に落ち着いた。最終的な主力艦の保有量は、アメリカとイギリスは五二万五〇〇〇トンずつ、日本は三一万五〇〇〇トン、きっちり「五五三」に収まった。

海軍が「八八艦隊」構想を放棄したことは、陸軍の目にどう映ったのだろうか。公平に見て、「八八艦隊」は陸軍の犠牲の上に成り立っていたといえる。それは予算配分が証明しており、［表6］の予算推移を見れば明らかだ。大正五年度に海軍費が陸軍費を超えてから、なんと昭和六年度まで海軍費優位で推移したのだ。「八八艦隊」建設が本格的に始動した大正十年度、海軍費は陸軍費のほぼ二倍、一般会計歳出の三割以上にもなっていた。よくぞ陸軍がこの予算配分を受け入れたものと思う。日露戦争中の陸軍の苦境を、日本海海戦の快勝で救ってくれた海軍への感謝の念が生きつづけていたからだろう。そして、よくぞ大蔵省がこのような予算編成にしたものだ。今日でもそうだが、「海国日本は海軍重視」という論理構成は受け入れやすいのだろう。

しかし、そこに世代交代が進む。日露戦争の戦後世代の先頭は陸士一六期、海兵では三三期ということになる。陸士一六期生の一選抜は、大正八年に少佐に進級して参謀本部の部員、

［表6］ 平時における一般会計予算と軍事費の推移(単位1000円)

年　　度	総予算	軍事費	陸軍費	海軍費
明治39年度	504,962	92,744(18.37%)	52,137(10.32%)	40,607 (8.06%)
40年度	635.889	194,099(30.52%)	111,617(17.55%)	82,482(12.97%)
41年度	626,788	190,378(30.37%)	109,417(17.46%)	80,961(12.92%)
42年度	520,479	161,554(31.04%)	89,365(17.17%)	72,189(13.86%)
43年度	548,250	163,219(29.77%)	87,497(15.96%)	75,722(13.81%)
44年度	573,996	187,330(32.64%)	100,325(17.48%)	87,005(15.15%)
45年度	582,040	189,794(32.61%)	95,984(16.49%)	93,810(16.11%)
大正 2年度	594,416	195,852(32.95%)	98,945(16.57%)	97,357(16.37%)
3年度	668,235	199,225(29.81%)	95,262(14.26%)	103,963(15.55%)
4年度	750,678	203,924(27.17%)	97,840(13.03%)	106,084(14.13%)
5年度	602,262	196,557(32.64%)	94,314(15.66%)	102,243(16.97%)
6年度	780,170	222,466(28.52%)	103,550(13.27%)	118,916(15.24%)
7年度	902,373	304,194(33.71%)	119,459(13.24%)	184,735(20.47%)
8年度	1,064,190	394,283(37.04%)	144,735(13.60%)	249,548(23.44%)
9年度	1,504,755	631,492(41.97%)	232,681(15.46%)	398,811(26.50%)
10年度	1,591,286	765,387(48.10%)	263,263(16.54%)	502,124(31.55%)
11年度	1,501,485	654,121(43.56%)	256,715(17.10%)	397,406(26.46%)
12年度	1,389,353	483,781(34.82%)	205,089(14.76%)	278,692(20.06%)
13年度	1,785,443	500,622(28.04%)	218,347(12.23%)	282,275(15.80%)
14年度	1,580,462	427,279(27.04%)	199,913(12.65%)	227,366(14.38%)
15年度	1.666,774	440,448(26.43%)	200,803(12.05%)	239,645(14.37%)
昭和 2年度	1,759,318	468,762(26.65%)	212,356(12.07%)	256,406(14.57%)
3年度	1,856,637	499,742(26.92%)	228,874(12.33%)	270.868(15.21%)
4年度	1,773,567	504,468(28.44%)	235,352(13.27%)	269,116(15.17%)
5年度	1,828,129	516,345(28.24%)	238,266(13.03%)	278,079(15.21%)
6年度	1,497,904	407,073(27.18%)	195,186(13.03%)	211,887(14.14%)
7年度	2,091,400	715,000(34.19%)	400,450(19.15%)	314,550(15.04%)
8年度	2,320,504	851,894(36.71%)	448,123(19.31%)	403,771(17.40%)
9年度	2,223,776	942,842(42.40%)	453,695(20.40%)	489,147(22.00%)
10年度	2,215,413	1,022,742(46.16%)	492,959(22.25%)	529.783(23.91%)
11年度	2,311,517	1,060,148(45.86%)	508,317(21.99%)	551,831(23.87%)

*括弧内は総予算に対する百分比　*追加予算を含む。一部は執行予算を掲載　*『帝国海軍史要』より

陸軍省の課員などに入ってくる。彼らは机の上だけで日露戦争を知っているのであって、苦戦を実感できないから海軍に対するウエットな感謝の念など持ちあわせていない。また、それぞれの教育体系が確立した世代ばかりとなり、陸海軍の間に個人的な関係もない。将軍と提督が敬称抜きで親しく呼びあうこともなくなっている。

そんな世代の陸軍から見れば、「八八艦隊」構想をいとも簡単に放棄した海軍の姿勢に不信感をいだく。第一次世界大戦後の不況のため、国際協調のため仕方がなかったとの弁解も、このような事態は一九一九年のベルサイユ会議のときからわかっていたのではないかというのも正論だ。それなのに巨大な計画を推し進めたことは、ただ予算獲得の手段だったのではないかと思うのも自然なことだ。そこで思い出すのがシーメンス事件だ。壮大な建艦計画の裏面で、薄汚いなにかが進行していたのではと疑われても仕方がない。このような若手のあいだに芽生えた不信感は、結局は消えないまま昭和二十年八月の終戦を迎えたといえよう。

これとは逆に「八八艦隊」構想の放棄は、陸軍にとって好ましい結果につながると期待するむきもあったはずだ。これで異常とも思える予算の傾斜配分、海軍費が総歳出の三割を超えるという状況も変わり、陸軍費もそれなりに増えるという期待だ。ところが、陸軍は海軍軍縮の道連れにされるという展開になってしまった。政党政治家が軍縮の旗を振って陸軍に迫ることはいつものことだが、大正デモクラシーの時代となると、それが一層激しくなる。さらには権威ある帝国大学の教授までが軍縮を論じるようになると、事態は深刻なものとなる。また、大正五年十二月には大山巌、八年十一月には寺内正毅、十一年二月に山県有朋が死去し、政界や重臣、さらに宮中、メディアにも睨みがきかなくなったことも陸軍にとって逆風となった。

◆自力更生を迫られた陸軍

大正期の日本陸軍は、予算を海軍に食われたため、相対的に最低のレベルにあった。陸士合格者三〇〇人のうち、一〇〇人もが入学を辞退するということすら起こった時代だ。前述したように、急を要する朝鮮増師問題も、上原勇作陸相が職を賭してもなかなか形にならなかった。こんな現実を直視すれば、明治四十年に定めた『帝国国防方針』に示された戦時五〇コ師団、その基盤となる常設二五コ師団体制がいつになったら実現するのかわからなくなった。

それに加えて国際情勢の変化もあったため、大正七年六月に『帝国国防方針』が補修されて戦時四〇コ師団となった。この時点で常設師団は二一コだったが、朝鮮半島の二コ師団は動員基盤がないため二倍動員どころか、大正十五年度まで戦時編制にも移行できなかった。したがって内地の常設師団を二倍動員して三八コ師団、補修した『帝国国防方針』で示された目標に達していなかったことになる。

戦略単位数も頼りない状態だったが、装備となるともう絶望的だった。海軍は軍縮をしても、まだ救いがあった。世界でも先端を行く一六インチ主砲八門を搭載する戦艦「長門」と「陸奥」、そして一四インチ主砲八門搭載、二八ノットの優速の巡洋戦艦「金剛」級四隻は各国海軍の羨望の的だった。ところが陸軍はとなると、世界的な水準の装備はなにもない。日露戦争中の明治三十八年制式の三八式歩兵銃を担ぎ、三八式野砲を馬で引っ張っている。売り物がないとなれば、「精強無比」とか「皇軍不敗」と掛け声だけで景気付けするほかない。装備の遅れは、機関銃によくあらわれている。

大正２年４月14日に撮影された金剛

明治二十六年に日本陸軍での機関銃の歴史は意外と古く、フランスのホッチキス社製のものを研究用に導入したのがはじまりだった。これを三五〇梃ほど輸入し、日露戦争で使用したが、これが野戦で機関銃を運用した最初とされている。世界に先鞭をつけたものの、それからはまったく停滞した。その理由として、まず冶金にはじまる製造の技術が追いつかず、国産できなかったことにある。最初に国産されたのは、大正三年制式の三年式重機関銃だった。本格的な装備が遅れた最大の理由は、その高い価格にあった。銃器の価格だが、三八式歩兵銃八五円三〇銭、九九式小銃一〇五円、十一年式軽機関銃五九五円、九二式重機関銃二三九〇円という数字が残っている。

機関銃の運用上にも大きなネックがあった。第一線に展開する戦列部隊が携行する弾薬の定数だが、小銃一銃宛一二〇発、軽機関銃一銃宛二〇〇〇発、重機関銃一銃宛五〇〇〇発だ。これを運ぶためには、充実した小行李が必要になるが、馬匹がからむ問題だから複雑になる。列強の陸軍は、この装備の国産化や弾薬の運搬の解決の目処をつけて第一次世界大戦の戦端を開いた。たとえばドイツ軍は、機関銃一万二〇〇〇梃を準備して開戦、戦争中には一〇万四〇〇〇梃にまで増強し、第一次世界大戦はマシンガン・ウォーとまでいわれた。

では、日本陸軍はどうやって将来戦に備えた訓練をしていたかというと、これがなんともいじましいものだった。編制上は機関銃があるのだが、現物がほとんどないのが実情だ。そこで部隊では、材木を削って水道管を付けて機関銃の模型をつくる。形はよいが、重さが足りない。そこで部隊の将校が寄金して鉛を購入し、これを模型に鋳込む。形と重さはよいが、音が出ないと臨場感に欠ける。そこで竹や板を棒で叩き、その叩き方によって重機関銃と軽機関銃の区別をするとは芸が細かい。

機関銃すらないのだから、戦車など見ることもできない。そこで竹の枠組みに新聞紙でハリボテをつくる。これを「タンク」「戦車」と連呼しながら担いでまわる。小休止で目をはなしたすきに、イタズラ小僧が棒で突っつき戦車大破というのも笑い話ではない。さらには、「柔道、剣道など武道はどれも裸足でやる。銃剣術も武道だから裸足でやろう」という部隊もあらわれた。これで「軍靴が痛まない」となると、自力更生というよりは、貧乏根性というべきか。

このような惨めな境遇から抜け出し、せめて第一次世界大戦中の列強陸軍並の質をと求めても、とにかく先立つものがない。海軍費が常識的な線に収まれば、陸軍に予算がまわってくるかと思いきや、政界はもとより学界からも、「陸軍も海軍を見習って軍縮を。そもそも敵国というものがないではないか」の大合唱となった。こうなると予算増額など問題外、わが身を削って足りない部分にあてるほかない。それが大正十一年七月と翌十二年四月と二次にわたって行なわれた軍備整理で、当時陸相だった山梨半造の名前から「山梨軍縮」と呼ばれることとなった。

わが身を削るといっても、削れるものは人員しかない。そこで師団に一二コある歩兵人隊は各四コ中隊からなるが、これを三コ中隊とする。平時編制からなくなった一コ中隊は、戦時編制になる際に復活させる。その代わりという形で、歩兵連隊に機関銃隊を新編した。また、各歩兵中隊に十一年式軽機関銃を導入する。この歩兵連隊の平時編制縮小に応じて、その支援に任じる特科部隊も縮小することとなった。さらに野砲兵旅団司令部三コ、独立部隊の野砲兵連隊六コ、山砲兵連隊一コ、重砲兵大隊一コを廃止して、代わりに野戦重砲兵旅団司令部二コ、野戦重砲兵連隊二コ、騎砲兵大隊一コ、飛行大隊一コが新設された。

この山梨軍縮の第一次整理で、将校二二六八人、准士官以下五万七二九六人、馬匹約一万三〇〇〇頭がカットされた。これは整理まえの師団五コの戦力に相当する。これで浮いた年間経費は三五〇〇万円と試算された。翌年の第二次整理では、鉄道材料廠、近衛師団と第四師団の軍楽隊、関東軍の独立守備隊二コ大隊、仙台の陸軍幼年学校が廃止され、父島と奄美大島に要塞司令部が新設された。

当然のことというべきか、この山梨軍縮は部内から猛反発を受けた。陛下の股肱と自他共に任じて軍務にいそしんできた者が、予算の都合で辞めてくれといわれれば憤慨するなというほうが無理だ。現役に残れた者も、喪失感はいなめない。戦闘の単位となる歩兵中隊一コ（当時の戦時編制で二五五人）を削られた戦術単位の歩兵大隊に与えられたのは軽機関銃一八梃、しかも全部の師団に行きわたるには一三年かかるとなると、心ある軍人ならば穏やかに構えてはいられない。

陸軍幼年学校の廃止は、在校生の定員割れも多かった大阪と名古屋だけとされていたが、仙台も切られた。ここ仙台の幼年学校には幕末の経緯から朝敵の末裔が多く集まり、汚名返上となって団結心が旺盛だったから、廃校への反発も強い。昭和十一年の二・二六事件に関与した者に仙台幼年学校出身者が多かったことから、当局はこの廃校が影響しているのではと気をもんだともいう。

ワシントン条約と山梨軍縮とによって、それまで一応は右肩上がりだった陸海軍の軍備は下り坂に入った。この事態に対応すべく、大正十二年二月に『帝国国防方針』と『帝国軍用兵綱領』が改定された。首相は加藤友三郎、陸相は山梨半造、海相は財部彪、参謀総長は上原勇作、海軍軍令部長は山下源太郎のときだった。

改定作業は大正十一年三月からはじまった。国家機密を扱うにしろ、それ以上の神経を遣った作業となり、かつ軍令主導を徹底させた。『帝国国防方針』については陸海軍大臣と協議するが、『帝国軍用兵綱領』については協議しないこととされた。そして成案をえると、まず元帥（陸軍＝長谷川好道、伏見宮貞愛、川村景明、閑院宮載仁、上原勇作、海軍＝井上良馨、東郷平八郎）を個別に訪ねて内示し、そのうえで陸海軍大臣に『帝国国防方針』の認証をもとめ、『帝国軍用兵綱領』は閲覧させるだけとした。これを摂政宮（昭和天皇）に上奏する。摂政宮は各元帥に下問し、その同意をえて『帝国国防方針』だけを五人に下付するが、そこに記載されている兵力改訂案は、首相と陸海軍相には内覧させるだけで、閣議にもはかられることはないとした。

もちろん、この大正十二年改定のものも原本は失われ、関係者の記憶のそのまた伝聞によるしか知るすべはない。それによると大きな改定点は、第一次世界大戦の戦訓から将来戦は長期化するであろうとし、対一国作戦が望ましいにしろ、対複数国作戦を覚悟する必要があるとした。これは各国の国益が複雑にからまっている大陸を想定戦場とする陸軍の考え方だ。一方、海軍は複数の国との戦争になって、東西から挟み撃ちに遭ったらとうてい勝ち目はない。そういう国際環境にならないようにするのは軍人の任務ではなく、政治や外交の責務だとした。どうしてこの根本的な問題で陸海軍の意思統一が図られなかったかといえば、計画の策定に政治がほとんど関与しなかったからだ。

想定敵国については、アメリカ、ロシア（ソ連）、中国の順に改めたという説が有力だ。そうではなく、アメリカとロシアを同列にしたともいわれる。所要兵力量は、陸軍四〇コ師団、海軍は細かく主力艦九隻（「比叡」は練習艦に分類）、航空母艦四隻、大型巡洋艦一二隻、航空一七隊とした。海軍はこの大型巡洋艦に大きな期待をよせていたため、後述するロンドン会議で紛糾することとなる。

海軍の作戦構想は、第二列島線での邀撃戦だが、大正八年五月から赤道以北の旧ドイツ領が日本の委任統治領となったため、この構想がより真実味を帯び、かつ作戦面が広がった。そしてこのラインの棘となるグアム島、さらに米海軍が目指すルソン島の攻略までが視野に入ってくる。そうなると陸軍との協同が必要になるわけで、想定敵国をアメリカとロシアを同列にしたという説にも納得させられる。

陸軍の対ソ作戦の主眼は、予想されるハルピン西方での第一回会戦で有利な態勢を造成することにあった。それからシベリア鉄道本線を遮断するには、バイカル湖の南端にまで進出しなければならないともした。しかし当時、ソ連は革命の混乱期にあったため、陸軍としても対ソ作戦に真剣ではなかった。それよりも対中作戦が重視され、まず満州（中国東北部）南部を押さえて、河北省から山東省を戡定（かんてい）するとしていた。なんのための作戦かというと、日清戦争、日露戦争で得た権益の保護だ。揚子江（長江）からその南にも、日本の権益はあるが、これについてはイギリスとの関係が生まれるためか、はっきりした計画はなかったとされる。

新たな戦略方針が定まった大正十二年の九月一日、関東大震災となり、日本の国富の一割近くが消えた。被災地が首都圏だったためダメージは数字以上なものとなり、国家の威信にかけて早急な復興が望まれた。それには巨額な予算を必要とし、軍事費の増額などは夢となった。大正十三年度の軍事費は、総予算の三割を切った。陸軍費は全体の一三パーセントを割り込んで最低のレベルにまで落ち込んだ。こうなると陸軍は、まさに自力更生するしかなくなった。

大正十三年一月に成立した清浦奎吾内閣で陸相に就任した宇垣一成中将は、部内に軍制調査会をもうけて、政治的にもとめられている軍備整理と、陸軍として急務の軍近代化をどう両立させるか研究させた。その結論を得て大正十四年五月に山梨軍縮につづく第三次軍備整理、いわゆる宇垣軍縮が行なわれることとなった。

その内容は、つぎのようなものだった。高田の第一三師団、豊橋の第一五師団、岡山の第一七師団、久留米の第一八師団の四コ師団、連隊区司令部一六コ、衛戍病院五コ、台湾守備隊司令部、陸軍幼年学校二校を廃止する。新設するものは、戦車隊一コ、高射砲連隊一コ、飛行連隊二コ、台湾山砲兵大隊一コ、通信学校、自動車学校だった。これで将校以下三万三八九四人、馬匹約六〇〇〇頭が整理された。

当時、戦車一両一〇万円を超え、高射砲は一門三〇万円、その牽引用の自動車も整備しなければならない。飛行連隊一コの維持費は、師団一コのそれとほぼ同額だ。これでは軍の近代化を図るとなると、戦略単位の師団四コを廃止するほかない。また、学校教練の制度を創設して動員基盤の拡充を図るとともに、二〇〇〇人をその学校配属将校としてプールする救済策も実施された。

だれもが、この宇垣一成陸相による軍備整理に反対できない。なぜならば、これといった代案がないからだ。しかし、それは理屈のうえの話で、感情の問題となるとまたべつだ。師団四コを廃止するとなると、歩兵と騎兵の連隊に親授された軍旗二〇旒を宮中に返納しなければならない。帝国陸軍の軍人としては、抵抗感があって当然だ。もちろん廃止された連隊は、歴史の浅いものだったにしろ、原隊を失った者も多く出てくる。原隊とは、少尉に任官したときの部隊で、その人にとって一生そこの将校団の一員と見なされる。そこが根こそぎ消えるとなると、感情的にもおもしろくないし、先輩、後輩の絆がたたれ、なにかと個人的な不利益も生じる。

このような鬱積は、まず宇垣一成個人に向けられ、そのため彼は昭和十二年一月、陸軍の抵抗に遭って組閣断念に追い込まれた。さらに不満を積み重ねて行くと、陸軍の矛先は海軍に向かう。とにかく先立つ予算がないなかで、海軍が軍縮したのだから、陸軍も仕方がないというのは、事実を直視した論理ではないとする。海軍はただ計画したものを放棄しただけのことで、陸軍は保有していたものを放棄させられた。このちがいは大きいとする陸軍の主張ももっともだ。そもそもは、国際協調だとして「八八艦隊」という大風呂敷をそそくさとたたみ、それで反軍思潮が広まり、国民と密着している陸軍が犠牲者となったのだとすれば、これもまた陸海軍確執の因となる。

◆海軍からはじまった昭和維新運動

昭和という元号で呼ばれた時代は、一九二六年十二月二十五日から一九八九年一月八日までだ。そのなかで「昭和維新」と騒がしかったのは、満州事変の前後から二・二六事件の後始末を終えて支那事変を迎える昭和十二年までとなる。かれこれ九〇年も昔のことだが、時折、町を流す愛国団体なるものの街宣車から聞こえてくる『昭和維新の歌』（青年日本の歌）で思い出させてくれる。あの歌の歌詞は一〇番まであるが、最初の四番までは国粋団体「行地社」の社歌で、五番からは三上卓海軍中尉の作詞だという。そういわれてみると、五番からトーンがちがっているような気がする。余談はさておき、この歌の作詞者が海軍中尉だったことが象徴するように、軍部における過激な革新運動は、海軍がリードしたものだった。

一般社会における国粋的な革新運動は、大正デモクラシーへの反発、一九二九（昭和四）年十月からの世界恐慌による経済格差の増大、中国の国権回復運動の高まりなどに影響を受けている。また、より直截的に見れば、一九三〇年四月に締結されたロンドン条約に対する反発が過激な運動を引き寄せたとなるだろう。

ワシントン条約で主力艦の対英米比率が五対五対三となってから日本海軍は、戦勝の活路を魚雷にもとめた。西漸してくる米艦隊に潜水艦、重巡洋艦に援護された水雷戦隊による魚雷攻撃で漸減させてから主力砲戦で雌雄を決するというものだ。このため危険な酸素を使った高性能な魚雷を開発していた。水上艦艇用で昭和八年制式の九三式魚雷は、三六ノットで四〇キロ、炸薬五〇〇キロで必殺の秘密兵器だった。また、重巡洋艦も雷装を重視した。改装後の「高雄」級は四連装魚雷発射管四基を搭載し、世界に例を見ない重雷装艦となった。

ロンドン会議に参加することが決まった昭和四年十月、海軍は死守すべき事項として、補助艦艇は総括して対米一〇割、大型巡洋艦は対米七割、潜水艦の自主保有量は八万トンとした。これを閣議で日本の主張と決定し、上奏して裁可を受けて全権団に訓令された。全権は元首相の若槻礼次郎、財部彪海相、松平恒雄駐英大使、海軍首席随員は左近司政三中将だった。ちなみに海相留守中の事務管理は首相の浜口雄幸がとった。ワシントン会議の時と同じか、海相というものをなんと心得ておるのかと陸軍がまた憤慨する。

交渉事の常だが、七つ欲しいからといって、最初から七つくれといっても、そのとおりにはならない。そこで掛け値で八つ、九つとねだっておいて、仕方なさそうに七つで手を打つのが利口な人がやることだ。ところが日本人は正直というか、お人よしというか、はたまた英会話が得意でないからか、昭和五年一月からはじまったロンドン会議では、最初から対米七割を連発した。

協議の末、三月にだされた試案は、それなりに日本の立場を考慮したもので、結局これで落ち着くこととなる。そこで示された対米比率は、大型巡洋艦で一八隻対一二隻、トン数比で六割二厘、軽巡洋艦で七割ちょうど、駆逐艦で七割三厘、潜水艦は日米同率で五万二七〇〇トン、総括すると六割九分七厘五毛となった。細かい話にせよ、なかなか味のある試案だった。アメリカとしては日本が求めた七割は値切った、ほぼ七割だから日本全権団の顔もたつはずということだ。

もちろん、「あーそうですか」とすぐには試案を受け入れず、あれこれ最後まで注文をつけるのも外交の要諦だ。現地では財部彪海相が、総括七割ジャスト、大型巡洋艦一隻追加、潜水艦六万トンをもとめて試案の修正を主張した。東京の海軍軍令部は、軽巡洋艦を削って大型巡洋艦一四隻として総括対米七割きっちり、潜水艦は細かく七万七八四二トンをもとめた。海軍軍令部長の加藤寛治大将は、これでなければ用兵作戦上から同意できない、大正十二年改定の『帝国国防方針』に基づく作戦計画に重大な支障をきたすと強硬だった。

最初の試案作成には、松平恒雄大使も深く係わっているのだから、これを日本が認めないとなると外交上の面目は失墜するし、日本に非難が集中して会議は決裂すると危惧された。そこで浜口雄幸首相は、四月一日に裁可を受け、すぐに試案を受諾するよう回訓した。おさまらないのが加藤寛治軍令部長だ。「慎重策議を要する」ことを上奏しようとしたが、三月三十一日、四月一日と拝謁を鈴木貫太郎侍従長に阻まれ、ようやく四月二日に上奏したものの、すでに回訓ずみとあしらわれた。加藤部長の激怒もわからないでもないが、ほぼ対米七割は確保、国際協調も重い意味があるといわれれば引きさがるほかない。この年の六月一一日、加藤大将は帷幄上奏によって辞表を奉呈し、軍事参議官となった。ここに海軍は、条約派と艦隊派とに分かれたとされ、それは太平洋戦争にもかなりの影響をおよぼしている。

さて、この二厘五毛、トン数にして一三〇〇トン、当時の一等駆逐艦一隻分の話が政争を引き起こした。それがどれほどの軍事的な意味があるかは関係なく、とにかく対米七割におよばなかったことが問題で、政府の失態とする勢力があらわれた。さらに海軍軍令部の意見を政府が無視したことは、統帥権の独立を侵害するものだと話は厄介なことになった。さらに明治憲法第十一条「天皇ハ陸海軍ヲ統帥ス」、同十二条「天皇ハ陸海軍ノ編制及常備兵額ヲ定ム」に抵触し、天皇の大権、統帥権の干犯だと政府を攻撃した。ちょうど第一七回総選挙後の第五八特別議会が開催中だったから、政争の舞台はととのっていた。

ここで、なにやらおどろおどろしい「統帥権干犯」という言葉を使って最初に政府を攻撃したのが犬養毅だった。「干犯」とは画数がすくない熟語ながら、なかなか由緒があり、出典は『魏志』蘇則伝、意味は「おかし逆らう」だ。これを歯切れよく統帥権につなげたのは、二・二六事件で刑死した北一輝(輝次郎)だったとされる。この言葉に降参した内務省などは、いろいろ手をまわして北を説得、話がまとまったとき彼が口にした文句がふるっている。「もう、支那料理屋みたいなことはいいません」、心は「登翠軒の看板」だ。北は機知に富む人だったようだが、まじめさにはかける。

政府当局は、天皇の大権を犯したと攻撃されては大変と、憲法の権威で東京帝大教授の美濃部達吉博士に出馬をもとめて弁解これつとめた。承知のように美濃部博士は天皇機関説で、彼の弟子あたりが学生にわかりやすいようにと、「天皇は国の機関なのだから本富士署の巡査と同じ」とやって教室の笑いをとっていた。それをつかまえて追及して糾弾するうちに、国体明徴問題や十四世紀の南北朝についての歴史認識にまで発展し、昭和は混迷の時代となった。

騒然とした世相の中で、まず立ちあがったのは海軍の軍人だった。事のおこりが海軍軍縮のロンドン会議だったのだから当然の話だ。それにしても過激分子の中核は、航空畑の者だったことは興味深い。昭和七年に前蔵相の井上準之助、三井合名理事長の團琢磨を射殺した血盟団の首領、井上日召（昭）の実兄、井上二三夫海軍少佐は、大正八年に三保ケ崎で墜死し、これが海軍で最初の空中殉職となる。井上少佐の部下だった山口三郎は、なにか物騒な話があると「俺が爆撃してやる」とでてくる有名人だった。山口中佐は、昭和八年七月の神兵隊事件に連座、検挙されてすぐに病死している。

海軍の革新的な青年士官に大きな影響を与えたとされる海兵五三期の藤井斉少佐も航空畑で、第一次上海事変に空母「加賀」乗り組みで出征し、昭和七年二月に戦死している。昭和七年の五・一五事件に加わった海軍士官二人、陸軍の士官候補生三人が航空畑、昭和十一年の二・二六事件に加わって自決した河野寿大尉も航空兵だった。航空要員の数がごくかぎられていた時代だから、これだけ革新陣営に集まったことは偶然ではないだろう。航空の士官は部下の数もごく少ないし、そもそも飛行機乗りとは空飛ぶ一匹狼だ。また、航空機の信頼性が低いから、どうしても運命論者、ひいては虚無的になり、非軍紀に傾くのだろう。

海軍の航空部隊は霞ケ浦と横須賀、陸軍は立川と学校が千葉県下志津にあったことも関係し、まず航空畑の者が交流し、それがほかにも広まり、意外と陸海の交流は密だったようだ。昭和六年、橋本欣五郎中佐を首領とする「桜会」が計画して未遂に終わった十月事件では、横須賀の砲術学校から十数人の抜刀隊、霞ケ浦航空隊から十三式艦上攻撃機十数機が参加することとなっていた。二四〇キロ爆弾による水平爆撃で首相官邸や警視庁を破壊するというのだから、どこまで本気かわからないにしろ、海軍もなかなか過激だった。

さてこの十月事件が未遂に終わると、革新運動に加わっていた佐官クラスは「ダラ幹」とされ、若手が民間の急進分子と手をむすび、昭和維新へと走りだす。ところが、民間がすぐに分裂しだす。北一輝と大川周明、西田税と井上日召の確執はよく知られている。これら民間の職業的活動家は、財界や政界とかぎられた資金源のパイを取りあうのだから、きれい事ではすまない。

軍といっても陸軍と海軍は思潮のちがいがある。陸軍は徴兵制度によって成り立っており、国民の子弟を預かっているとの責任感があり、しかも人と人との関係のうえに戦闘集団が成立している。そんな思潮から軽率には動けない。海軍は基本的には志願制であり、艦艇に乗り込むと機械が介在する人間関係となる。まして航空関係になると、一人で動くから自由な発想をする。こういったことで、陸軍側は時期尚早と部内の暴発を押さえる姿勢があり、統制がきいていると見られていた。

ところが、昭和七年の五・一五事件で陸士本科在校中の四四期生が海軍の動きに巻き込まれた。海軍士官に勧誘され、一一人の士官候補生が五・一五事件に加わった。いまにしても語られる「話せばわかる」「問答無用」で犬養毅首相が射殺された官邸の現場にいたのは、現役海軍士官四人、士官候補生五人だった。これは陸軍に衝撃を与えた。純真な士官候補生をそそのかして連れ出すとはと憤慨する。老人の一人か二人を始末するのに九人も徒党を組まないとやれないのか、天誅を下すのなら日本刀でやれという危ない人も少なくない。

もちろん、海軍が立ち上がったのだから、陸軍もなにかしないと立場がないと妙な義務感をいだく人もいたはずだ。しかも、五・一五事件の被告には全国から同情の声が集まり、軍法会議は被告に自由な発言を許し、「よくぞやった、しかし法律というものがあるから……」といった姿勢だった。求刑では死刑三人だったが、判決での最高刑は禁固一五年だった。首相を殺害してこの量刑は驚きだ。これではテロを認めたというシグナルを送ったのと同然だ。こうして陸軍の青年将校の一部が昭和維新断行に走り、昭和十一年の二・二六事件となる。

ここで理解しにくいのは、ロンドン会議の問題であれほど盛り上がった海軍の革新運動が、五・一五事件を境にしてまったく消え去ったことだ。五・一五事件の前後、「一部将校」として当局がリストアップした海軍士官はかなりの数になる。太平洋戦争勃発時に軍務局第二課長だった石川信吾、同じく駐米武官補佐官の寺井義守、真珠湾攻撃で制空隊長の板谷茂、これみな危険分子として監視されていた。ところが五・一五事件後は、人が変わったように言動も穏やか、勤務精励だった。それが本来あるべき姿にしろ、陸軍はそれをどう感じたかが問題だ。

そして二・二六事件、襲撃の主目標は内大臣の斎藤実、侍従長の鈴木貫太郎、首相の岡田啓介の海軍三大将だ。若手の士官がこの三人の大将にどんな気持ちをいだいていたかはさておき、海軍が狙い撃ちされたと思って当然だ。陸軍に対する印象は悪くなり、それが真の陸海軍統合を阻んだといえよう。

第四章 ともに歩んだ戦争への道

上海に飛火する事は必ず不可避であると思い平常から言って居ったのでありました。そもそも上海に飛火をする可能性は海軍が揚子江に艦隊を持って居るためであります。

石原莞爾

◆事の起こりの満州事変

激化の一途をたどる中国の国権回復運動のなかで、南満州鉄道と遼東半島（関東州）に代表される日本の権益を守るにはどうしたらよいか。大陸各地に割拠する軍閥をコントロールして、破局を回避する時代は過ぎ去ったのだ。こうなった以上、満州を中国本土から切り離し、親日政権、露骨にいえばカイライ政権を樹立するしか満蒙問題の一挙解決はありえないと、かなり以前からささやかれていた。しかし、謀略によってひとつの国家を成立させることはおおごとで、具体的なプランはなかなか固まらなかった。

大正十（一九二一）年七月、吉林督軍の軍事顧問となった鈴木美通中佐は、吉林省に隠遁していた清朝の遺臣と接触し、清朝の復辟（ふくへき）について協議をかさねた。ここに、のちの満州国の輪郭が浮かびはじめる。このころ奉天で張作霖の軍事顧問をしていたのが、満州事変のとき関東軍司令官となる本庄繁大佐だった。

大佐に進級した鈴木美通は、徳島の歩兵第六二連隊長となって帰国、つづいて水戸の歩兵第二連隊長、参謀本部第九課長（内国戦史）をへて、昭和四年八月に奉天特務機関長として

板垣征四郎

満州にもどってきた。これを迎えた関東軍の高級参謀が板垣征四郎大佐、作戦主任が石原莞爾中佐だ。鈴木は山形県出身、陸士一四期、陸大二三期だ。板垣は岩手県出身、陸士一六期、陸大二八期、石原は山形県出身、陸士二一期、陸大三〇期だ。気心の知れた東北出身同士、先輩、後輩の意識が強い年の差でもある。

加えて鈴木美通は、中央部にも顔が広い。昭和六年初頭で見ると、軍務局長は同郷の小磯国昭、軍事課長は陸大同期の永田鉄山、参謀本部第一部長の古荘幹郎は陸士同期だ。満州での活動歴と中央に背景をもつ鈴木は、板垣征四郎と石原莞爾に策を授ける。「奉天で点火し吉林に出るのが原案だ。こうやるんだぞ」、「はい先輩、了解です。まかして下さい」とのやり取りが目に浮かぶ。そして念の入ったことに、満州事変の直前、昭和六年八月の定期異動で鈴木は弘前の歩兵第四旅団長に転出した。謀略の絵図を描いた者は、現場から身を隠すもののようだ。それでいて昭和六年十一月、混成第四旅団長として満州事変に出征している。

現地でいつ火をつけるか、なにを口実にするか、どちらも簡単なことだ。口実はどこにでもころがっているし、どちらが点火したかわからないほど情勢は切迫している。問題は日本側の態勢が整理されているかどうかだ。昭和三年六月の張作霖爆殺事件が線香花火に終わったが、あの再現があってはならない。そこでまず、人事権を容赦なく行使して強圧的な宇垣一成陸相が去ってからだ。関東軍司令官と朝鮮軍司令官がともに幕僚のいいなりになるタイプがそろったときがチャンスだ。あてになる師団が満州駐箚にまわってきたときでないと不安が残る。この何本かの針が重なったとき、信管が作動する。

昭和五年十二月、朝鮮軍司令官は林銑十郎となった。翌六年四月、陸相は宇垣一成から南次郎となった。同年八月、関東軍司令官に就任したのは本庄繁だ。この三人、宇垣のようなアクの強さがなく、事が起きれば幕僚の意見に引きずられるタイプと見られていた。そして昭和六年度から満州駐箚師団は、精強さでは定評のある仙台の第二師団となった。中国情勢も日本に有利となった。国民政府は一九三一（昭和六）年五月から第二次掃共戦、七月から第三次掃共戦を展開しており、満州の事態には対応できないと見られた。そして昭和六年に入ると張学良は中核部隊を率いて北京に入り、奉天を留守にしている。

石原莞爾

昭和六年九月十八日の金曜日、関東軍は奉天郊外、柳条湖で満鉄線路を爆破して満州事変の口火を切った。そして初動の一撃、奉天の北大営の攻撃が特筆されているが、裏面を知ればそれほどの冒険でもなかった。中国軍閥の軍隊では、銃器や弾薬の盗難が多いため、とくに夜間は厳重に保管しており、武装しているのは営門の衛兵ぐらいだ。加えて武器庫や弾薬庫の鍵を預かっている幹部も、勝手気ままに外出してしまうのが常だった。これならば何人いても烏合の衆、一撃すれば壊乱する。だから、奉天や長春などの都市部の占拠は簡単だ。

しかし、東三省（遼寧省、吉林省、黒龍江省）の総面積は一二三〇万平方キロ、日本内地の三・五倍だ。関東軍は縮小編制の一コ師団と独立守備隊の六コ大隊の計一万人だった。兵力がこれだけだから、満州全土を確保することはもちろん、関東州や満鉄付属地から飛びだすにも躊躇する。そこでまず隣接する朝鮮軍の支援をえて、日本の権益のそとで既成事実を作為し、在留邦人や権益の保護を名目に内地から三コ師団ほど送りこんでもらって所期の目的を達成するという計画だ。では、まずどこに飛びだすか。鈴木美通が環境を整備した吉林だ。

初動の大事なときに、円滑に朝鮮軍から増援を引きだせるかどうか、そこが満州事変という謀略の第一のポイントだ。参謀本部が毎年作成する年度作戦計画訓令でも、関東軍有事の際、朝鮮軍は速やかに鴨緑江を越えて満州に入れとなっているのだから、問題はないように思える。ただ、日本軍が国境を越える場合、奉勅命令（天皇の大命）が必要な点に不安が残る。しかし、これには例外があった。大正九年五月末、豆満江をはさんで抗日パルチザンと交戦状態となった朝鮮軍の一コ中隊が独断で渡河し、満州領内に入って作戦したことがあった。部隊の規模がごく限られていても、大命がないまま国境を越えたことにちがいないのだが、問題にもされなかった。

さらに説得力のある口実があった。朝鮮軍の部隊が京城（現在のソウル）や平壌から京義本線（京城～新義州、四九七キロ）で北上し、鴨緑江を渡って安東（現在の丹東）に入り、安奉線（安東～蘇家屯、二六〇キロ）で蘇家屯、ここから連京線（南満州鉄道、大連～寛城子、七〇四キロ）に入り一六キロで奉天にいたる。これすべて日本権益の土地を通っているのだから、奉勅命令は必要ないともいえる。昭和三年五月、蔣介石軍による北伐で満州一帯の混乱が予想され、関東軍を増強するため朝鮮軍の混成第四〇旅団がこのルートで奉天に入ったが、奉勅命令はだされていない。

このような謀略が奉天特務機関、関東軍、朝鮮軍、さらには省部で進行中だということは、かなり早い時点で知られていた。そもそも省部では、課長クラスからなる国策研究会議が設けられ、昭和六年六月十九日に「満州問題解決方策大綱」が決定していた。その内容は、外交によって満州での排日運動の緩和を図るものの、それがなお激化するようならば武力行使も辞さないとした。ただ、武力行使となれば内外の理解をえることが不可欠だから、一年かけてその施策を進めるというものだった。奉天特務機関と関東軍は、この計画の前倒しを計画しているわけで、それもまた知られていた。昭和六年九月十一日、参内した南次郎陸相に昭和天皇は軍紀について下問したが、満州でなにかが進行中であることが知られていたからだ。

もちろん海軍当局も知っていなければおかしい。当時、関東軍司令部があった旅順には、海軍の防備隊がおかれていた（昭和八年四月、旅順要港部が復活）。同じ町で生活しているのだから、秘密はすぐに漏れる。秘密が保たれていたとしても、大連港を眺めているだけでなにかが進行中であることを知ることができる。関東軍は北海道から馬糧を移入しはじめたが、これはかさばるからすぐに人目につく。これで関東軍は武力行使を画策しているとの話か広まり、閣議の席で幣原喜重郎外相が南次郎陸相に問いただしたといわれる。どうせ露見しているのだから、海軍に一言あってしかるべきと思うのは当然だろうし、そうしない以上、協力できないと海軍がつむじを曲げるのも仕方がない。

関東軍の独立歩兵第二大隊の手によって、柳条湖で満鉄の線路が爆破されたのが、昭和六年九月十八日の午後十時半ころ、これを合図に在奉天部隊は一斉に攻撃を開始した。朝鮮軍から「年度作戦計画訓令に基づいて満州に入る」旨の電報が東京の参謀本部に入ったのは、十九日午前八時(発信は午前七時七分)、追いかけ「派遣部隊は午前十時から各衛戍地を出発する」との連絡が入った。なんとも手際がよいことで、関東軍と朝鮮軍は入念に打ち合わせをしていたことを物語っている。

このとき、参謀本部のキーとなる第二課長(作戦課長)は今村均大佐で、陸軍省の徴募課長から異動したばかりだった。「満州問題解決方策大綱」を見せられた今村課長は、基本的にはこれに賛成で、関東軍の独断専行も仕方がないという姿勢だった。しかし、年度作戦計画訓令だけでの海外出兵は避けるべきで、奉勅命令によって堂々と鴨緑江を渡るべきだと主張した。司法官の子弟で、「軍は軍紀によって成る」を信念とする今村らしい意見だ。それはもっともと参謀総長の金谷範三は、帷幄上奏権を行使して参内し、朝鮮軍越境の允裁を仰ぐこととした。

ところが、鈴木貫太郎侍従長は「陛下のご都合が悪い」と拝謁の手続きをとろうとしない。まえに述べたように昭和五年三月から四月にかけて、ロンドン会議の問題で海軍軍令部長の加藤寛治大将の帷幄上奏を阻止した鈴木侍従長が、またもやってくれたわけだ。これは大変と調べてみると、事件そのものに反対の閣僚が宮内省に手をまわして参謀総長を門前払いしたことがわかった。そこで侍従武官長の奈良武次大将、そして同じ砲兵科出身で奈良と親しい軍事参議官で鈴木貫太郎の実弟、鈴木孝雄大将まで動かして根回しをした。また南次郎陸相は、閣議で説明して派兵に必要な予算措置の同意をえた。

これでようやく九月二十一日午前八時までに金谷範三参謀総長は拝謁して、朝鮮軍の越境について允裁を受けることができた。十九日の午後から新義州で足止めされていた朝鮮軍の混成第三九旅団は、ついに待ち切れず奉勅命令が届くまえの二十一日午後一時に鴨緑江を越えて満州に入り、関東軍司令官の指揮下に入った。少々早すぎたものの、允裁を受けたのは午前八時だから、命令が届いていなくともまあよいかとなり、統帥権の干犯にはならないとされた。正式な命令は九月二十二日発令の臨参命第一号で、これによって朝鮮軍の独断越境は追認される形となった。

今村均

朝鮮軍の行動を統帥権の問題とするならば、鈴木貫太郎侍従長のしたことはなんなのだ、これこそ統帥権の干犯ではないのかとの声が陸軍部内に渦巻いた。参謀総長の拝謁を断わる権限が侍従長にあるのか、満蒙問題の解決をじゃました、さらには奉天の在留邦人二万三〇〇〇人の生命、財産を危険にさらした、なんでそんなことができるのか。

理由は簡単、鈴木侍従長は陸軍を敵視し、国際協調を後生大事にしている海軍出身だからと話が広がる。この出来事がなければ、鈴木貫太郎は二・二六事件で襲撃されることはなかっただろう。

朝鮮軍の来援で戦力の余裕をえた関東軍は、九月二十一日午前三時、第二師団に対して吉林へ進出するよう命令した。吉林には日本人一〇〇〇人、朝鮮人一万七〇〇〇人が居住しており、その保護が名目だ。これを東京に報告したのは午前六時、第二師団が長春を出発したのは午前十時だった。もし止められても、もう行ってしまって引きもどせませんという心算だ。そして同日午後五時までに吉林を無血占領した。長春から吉長線（長春〜吉林、一二八キロ）で向かうが、これは日本の権益が及ぶ土地のそと、鉄道は中国の国有線だ。ここにこそ奉勅命令が必要なのだが、朝鮮軍の動向に関心が集まったため、つい見逃された。ここに鈴木美通が描いた絵図が形となった。

◆新たに生まれた四つの男爵家

満州事変が勃発したとき、中国大陸にあった海軍部隊は、上海を根拠地とする第一遣外艦隊（大正八年八月に遣支艦隊を改組）、塘沽を根拠地とする第二遣外艦隊（昭和二年に新編）、上海に特別陸戦隊、旅順防備隊がおもなものだった。どれも居留民と権益の保護がその任務で、艦隊といっても河用砲艦や旧式艦艇からなるものだった。その関心は任務からして揚子江（長江）沿岸、そして日本資本の紡績工場がある山東省の青島に向けられていた。

関東軍司令部は、満州事変がはじまるとすぐ、第二遣外艦隊に遼河の河口部の港、営口に艦艇を派遣してくれるよう要請した。ところが同艦隊の司令官、津田静枝少将はすぐにことわった。その理由は、山東半島の情勢が不穏なため、営口に艦艇をまわす余力がないとのことだった。さらに共同の相手は天津の支那駐屯軍であって関東軍ではない、担当している海域は山海関までで満州沿岸は管轄外というお役所的な理由もつけた。営口はすぐに占領できたからよかったものの、海軍に対する陸軍の心証はいたく害された。

昭和六年十二月、第二次若槻礼次郎内閣が総辞職して犬養毅内閣となり、陸相には荒木貞夫中将が就任した。新しい内閣のもと積極的な姿勢に転じ、陸軍は満州領内で張学良軍が残る錦州を攻略することとなった。このころになると、日本の満州占領に反発した国民政府は、張学良軍を支援すべく、中国本土の山海関から北上しつつあった。万里の長城の東端となる山海関から満州の領域となる錦州までの一八〇キロは、道路と京奉線（北京～奉天）が海岸沿いに走っている。この国民政府軍の動きを偵察するためにも、海軍の力を借りなければということになった。

そこで参謀次長だった二宮治重中将は、海軍軍令部次長の永野修身中将を訪ねて、艦隊の遼東湾進出をもとめ、場合によっては艦砲で支援してくれるよう要請した。すると永野次長は、海軍省とも検討してすぐに返答するということだったが、翌日に協力いたしかねると回答した。その理由は、事変不拡大が国策のはずだというものだった。たしかに中国にある遣外艦隊は、北清事変後の一九〇一（明治三十四）年九月締結の北京議定書を根拠にするものだから、満州の沿岸で作戦するのはどうかともいえる。しかし、事態は切迫しているのだから、協力しようという姿勢ぐらい示してくれてもよいのにと陸軍は感じたはずだ。

満州事変を海軍はどうとらえていたのだろうか。昭和六年十二月から八年十一月まで連合艦隊司令長官だった小林躋造大将によれば、つぎのようなものだった。もちろん海軍も満州の情勢を警戒してはいたが、海軍の伝統として「政治にふれない」立場から、政府の平和的施策を信頼し、支持するというものだった。また、昭和五年六月から七年二月まで海軍軍令部長だった谷口尚真大将は、この事変は対英、対米戦に発展するおそれがある。それに備えるには三五億円が必要だが、そんな国力は日本にない。だから満州事変には反対だとする。ところが、海軍はすぐに方針変更にせまられた。

昭和七年一月八日、朝鮮の亡命政権、上海臨時政府系のテロ組織とされる義烈団の一員が東京・桜田門で昭和天皇の鹵簿（ろぼ）に爆弾を投げた。昭和天皇は無事だったが、上海の中国紙は「不幸にして当たらず」との見出しをつけて大きく報道した。これに在留邦人が激高し、それでなくとも緊張していた上海情勢に油を注いだ。さらに上海公使館付武官の田中隆吉少佐は、日中関係を徹底的に悪化させるため、日本人僧侶を襲わせる謀略まであえてした。

これで戦火は上海に飛び火し、一月二十八日深夜から日本の特別陸戦隊と中国の第一九路軍が交戦状態に陥った。日本海軍は急ぎ戦力を集中させ、第一遣外艦隊、第三戦隊、第一水雷戦隊、第一航空戦隊をもって第三艦隊を新編した。司令長官は野村吉三郎中将、旗艦は装甲巡洋艦「出雲」だった。佐世保から増援の陸戦隊を急派したが、海軍の地上戦力では上海を包囲した中国軍五万人を撃退できるはずがない。

上海の情勢が深刻なものになりつつあった一月三十日、錦州攻略のときとは逆に、今度は永野修身次長が参謀本部の二宮治重次長を訪ねた。その口上がふるっている。「えー先日、錦州の件でおことわりしたのに、このたび、陸軍の救援をもとめるのは、はなはだ心苦しいのですが……」。錦州の一件でかなり心証を害していた陸軍には、「海軍は不拡大方針ではなかったのか。列強の権益が錯綜している上海でなにをしようとしているのか。ほっとけ、ほっとけ」といった強硬な意見もあった。しかし、上海の在留邦人二万六〇〇〇人を見殺しにするわけにもいかないし、大角岑生海相や上海公使の重光葵の懇請もあって、陸軍も上海派兵に同意することとなった。

参謀本部と海軍軍令部は協議して、二月二日に上海における陸海軍共同作戦の協定が成立した。それによる陸軍の兵力運用は、つぎのようなものだった。まず、久留米の第一二師団で混成第二四旅団を臨時編成する。この人員

第３艦隊旗艦となった出雲

は佐世保から第四戦隊と第二水雷戦隊の艦艇で上海に急派、馬匹は門司、軍需品は宇品で陸軍輸送船に搭載して上海に向かう。主力は金沢の第九師団で、これを応急動員（戦列部隊を充足、戦力は戦時編制の八割見当）し、宇品、門司で陸軍輸送船に乗船して上海に向かう。混成第二四旅団は、内地港湾出発時から第九師団長の隷下に入り、第九師団長が上海に到着するまでは、第三艦隊司令長官の指揮を受けるものとされた。

この協定が成立した翌日、海軍省から陸軍部隊の上海派遣を正式に文書で要請してきたが、そこにはなぜか第九師団の記載はなく、混成旅団のみとなっていた。各国注視の上海で戦略単位の師団を動かすと刺激が強すぎるというのが表向きの理由だった。また、一コ旅団の増援を受ければ、海軍陸戦隊が主体で対応できるとふんだのだろう。さらに海軍の本心を探ると、第九師団長の植田謙吉中将に来てもらいたくないのだ。第三艦隊司令長官の野村吉三郎の中将進級は大正十五年十二月、植田の中将進級は昭和三年八月、野村が先任にしろ、陸上戦闘の全般指揮は植田がとることは明らかで、それが海軍の気に入らないわけだ。

これでは陸軍も怒りだす。「はなはだ心苦しいのですが、とかいっておきながらこの態度はなんだ」「陸軍の兵力量を海軍が決定するとはなにごとだ」となるのも当然だ。しかし、上海の戦況がさらに緊迫したため、海軍も折れて第九師団も上海に向かうこととなった。旅団規模の陸軍部隊を海軍の艦艇で輸送するのははじめてのことで、陸軍も気を遣い、参謀総長の指示の臨命第三一号では、「帝国海軍将兵ニ対シテハ其勤労ヲ多トシ之ニ対スル礼譲ヲ重ンシ以テ精神的協同動作ニ遺憾ナカラシム」との一項まであった。二月七日、混成第二四旅団の上陸作戦がはじまった。まず揚子江と黄浦江の合流点にある呉淞砲台を艦砲で制圧し、駆逐艦に搭乗した陸戦隊が呉淞の鉄道桟橋に取り付いてこれを確保し、つづいて混成旅団が上陸した。航空掩護もあって、教範どおりの上陸作戦だった。

ところが、ここでまた話がこじれだす。混成旅団がまだ第三艦隊司令長官の指揮下にあることを利用し、呉淞砲台の占領を命じた。海軍軍令部によれば、あんなものは簡単に取れるとする。参謀本部は、それならば自分でやれと感情的になる。現地に入った旅団長の下元熊弥少将は、一帯を綿密に偵察し、兵力不足のうえ、攻城用の重砲や資材が届いていないから、すぐには無理だと意見具申した。この問題も二、三日もめ、ようやく海軍も呉淞砲台の早期占領を断念することとなった。

陸軍が危惧していたように、この第一次上海事変は難戦となった。クリークと市街地が入り組んだ複雑な地形のうえ、緊要なところには堅固なトーチカがあり、機関銃の銃座となっており、この陣地帯はドイツ軍人の設計によるものだった。この難局を打開するため、軍事参議官だった白川義則大将を軍司令官に起用して上海派遣軍を編成し、善通寺の第一一師団と宇都宮の第一四師団を送り込むこととなった。

そこでまた問題が起きた。第一一師団をどこに上陸させるかで陸軍と海軍の意見が分かれた。実は長年にわたって、陸海軍作戦協定では上海で深刻な紛争が起きた場合、戦略単位一コを黄浦江と揚子江の合流点から三〇キロ上流の白了口に上陸させることになっており、天皇も内覧していた。ところが海軍は、第一一師団を上海に上陸させろと強く求める。白了口に上陸させると戦面が拡大し、国際協調に悪影響を及ぼすとし、さらに流速が早く、潮汐の影響も大きく、川岸は泥濘地で上陸に適していないという。では陸海軍作戦協定はまちがっているのか、それを天皇に内覧に供したとはどういうことかとむずかしい話にも発展する。現地では上陸用舟艇や上陸資材を積んだ輸送船が黄浦江に入ってしまうという不手際も重なった。この問題は白川義則軍司令官に一任となり、敵の側背を衝く点を重視して白了口に上陸となった。三月一日に上陸してみれば流速も潮汐も問題ではなく、泥濘も携行した多量の木材で克服し、一人の犠牲者も出さなかった。この白了口上陸の問題から、上陸作戦に関して陸軍は海軍に不信感をいだき、なにからなにまで自分たちの手で行なわなければ納得しないようになってしまった。

第一一師団の白了口上陸によって背後から脅かされた中国軍は包囲を解いて撤退をはじめた。これを見て帝国臣民の保護という戦争目的は達成されたとして、昭和七年三月三日に日本側は一方的に停戦を宣言した。停戦協定は五月五日に締結されたが、それに先立つ四月二十九日、現地でも天長節（天皇誕生日）の式典が軍民共同で行なわれた。その式場にまた朝鮮独立運動の義烈団の一員が爆弾を投げた。これで白川義則大将は死去、野村吉三郎中将は片目を、重光葵公使は片足を、植田謙吉は足の指を失った。亡くなった白川大将には男爵が遺贈された。なお、第一一代航空幕僚長の白川元春空将は白川男爵の三男だ。

さて、この爵位が満州事変の後日談となる。白川大将が故人ながら男爵になったのだから、満州事変と上海事変の功労者も爵位を与えたらどうかという話が昭和九年七月からの岡田啓介内閣になって持ちあがった。昭和十年一月、ソ連の権益だった北満鉄道（東清鉄路）の譲渡にかんする協定が満州国とソ連の間で成立し、満州事変が大成功をおさめたことが明確になったことも関係しているのだろう。関東軍司令官だった本庄繁大将（昭和八年六月昇進）は、昭和八年四月から侍従武官長だから男爵は妥当なところだ。これで陸軍が男爵ふたり、爵位をものにできない海軍は納得しない。先任順からすれば事変当時に海相の大角岑生大将（昭和六年四月昇進）となる。そうなると陸相だった荒木貞夫大将（昭和八年十月昇進）をどうするかが問題となる。

一挙に男爵家が三つ生まれるのはどうなのかと岡田啓介首相は悩んでしまった。そこで陸軍に打診してみると、授爵は詮議されるだけでも名誉なことだから、武人として知られる荒木貞夫はかならず辞退するはずだということだった。そうなれば大角岑生もおりるだろう。男爵はだれが見ても順当な本庄繁だけで万事めでたしとなる。ところが荒木はその気になっている。そうなると大角も男爵をとなる。困り果てた岡田首相は、元老の西園寺公望におうかがいをたてたところ、「男爵の三つや四つで済む話ではないか」といかにもお公家さんらしい裁定で、昭和十年十二月に本庄、大角、荒木の男爵家が生まれた。とにかく、陸軍と海軍の双方を満足させるには、このように大変なのだ。

◆無条約時代に突入した陸海軍

浜口雄幸と犬養毅と首相がふたりもテロに遭うという事態を引き起こしたロンドン条約を

巡る問題の原点は、明治二十五年五月制定の『海軍軍令部条例』にあると考えられた。この条例によると、海軍軍令部長は国防用兵に関することに参画し、天皇の親裁ののち、これを海軍大臣に移すとある。このように実務レベルでは軍政が軍令よりも優先されているから、すぐに政治問題化するということになる。

とにかく昭和七年に五・一五事件という大不祥事がおきたのだから、根本的な是正策を講じようということになった。そのひとつの動きとして、昭和八年一月に荒木貞夫陸相、閑院宮載仁参謀総長、大角岑生海相、伏見宮博恭海軍軍令部長の四者会談がもたれた。この席で兵力量は、陸海軍ともに統帥面を司る天皇の幕僚である参謀総長、海軍軍令部長が立案し、その決定もそれぞれの帷幄機関を通じて行なうとの覚書をかわした。

これを根拠として、昭和八年九月に海軍軍令部条例が軍令部令に改定された。海軍軍令部は軍令部に、海軍軍令部長は軍令部総長と改称され、その任務は「国防用兵の計画を掌り用兵のことを伝達す」とされた。これで統帥面においても、陸軍と海軍はまったく対等な地位、同等な権能を持つにいたった。また、ともに皇族の元帥を総長に戴く絶対的な機関でもある。そしてこれが、陸海軍の統合を阻む壁となった。

昭和五年四月にロンドン軍縮条約を調印してから、海軍は昭和十一（一九三六年）年末のワシントン軍縮条約の期限切れを視野に入れて、昭和六年度から六ヵ年計画の第一次海軍軍備補充計画（㈠計画）を進め、さらに昭和八年度末に第二次計画を追加した。この計画が達成されれば、必勝の対米八割が期待できるとされた。この建艦費のため、陸軍は海軍に予算を譲りつづけた。満州事変、上海事変の臨時費があった昭和七年度と翌八年度を除いて、大正五年度から昭和十二年度まで、つねに海軍費は陸軍費をうわまわっていた（［表6］参照）。予算に恵まれなかった陸軍の戦備は、長らく停滞したままだった。その停滞は、日本陸軍と極東ソ連軍との格差をもたらした。日露戦争中と大差ない装備体系の日本陸軍の火力は、ソ連軍におおきく引き離されていた。この改善をはかるにはまず予算だ。それを獲得するためには、世論を味方にしようということで、昭和八年に陸軍省調査班は［表7］の日ソ師団比較を発表した。海軍が「八八艦隊」の整備のため、あえて機密をあきらかにした手法を踏襲したものだ。しかし、細かい数字だから、「八八艦隊」構想のようなインパクトはなかったただろう。

平時の終わりとなる昭和十一年度末、陸軍の態勢は一七コ師団、混成旅団二コ、騎兵旅団四コ、野戦重砲兵旅団四コ、飛行連隊八コを基幹とするもので、大正十四年五月の宇垣一成陸相による軍備整理時と大差ない状況にあった。これがいかに立ち遅れた陸軍軍備だったかは、［表8］の「在満鮮日本軍対極東ソ連軍兵力推移」に端的に現われている。これでよくぞ満州事変に踏み切れたと思うし、昭和十三年七月の張鼓峰事件、十四年五月から九月にかけてのノモンハン事件が本格的な日ソ戦に発展したならば、日本軍は惨敗を喫していただろう。

どうしてこんな戦力格差が生まれてしまったのか。まずは、ロシア革命によって北方の脅威は消えたものと錯覚したからだ。そして国力の裏付けも考えずに、事実上、満州を占領し

［表7］ **陸軍省発表の日ソ両軍師団比較**

	日本軍	ソ連軍
軽機関銃	300挺	186挺
重機関銃	50挺	162挺
平射歩兵砲	10門	9門
曲射歩兵砲	15門	9門
野　　砲	35門	36門
野戦重砲	0	12門

＊昭和8年、陸軍省調査班

［表8］ **在満鮮日本陸軍と極東ソ連軍の兵力推移**（日本／ソ連）

	師団個数	航空機	戦　車
昭和6年9月	3／6		
7年9月	6／8	100／200	50／250
8年11月	5／8	130／350	100／300
9年6月	5／11	130／500	120／650
10年末	5／14	220／950	150／850
11年末	5／16	230／1200	150／1200
12年末	7／20	250／1560	150／1500
13年末	9／24	340／2000	170／1900
14年末	11／30	560／2500	200／2200
15年末	12／30	720／2800	450／2700

＊ソ連軍師団は狙撃師団のみ
＊戦史叢書『関東軍［1］』

て約四〇〇〇キロにも達するソ満国境を抱えこんでしまった結果だ。そして満州事変後、新たな安全保障環境に適応すべく、陸軍戦備を整えなかったのだから、処置なしになるのも無理はない。

極東ソ連軍の着実な増強ぶりに深刻な危機感をいだいた参謀本部は、関東軍への兵力増派を求めたが、予算を理由になかなか認められなかった。昭和十年度には、二コ師団と一コ騎兵旅団の増派を計画したが、なんとゼロ回答となった。そこで参謀本部第二課長の鈴木率道大佐は職を賭して再考を求め、ようやく盛岡の騎兵第三旅団を佳木斯に派遣することとなった。その代償は、鈴木課長の更迭だった。

後任の第二課長は満州事変の立役者、石原莞爾大佐で昭和十年八月の着任だった。生粋の参謀本部育ちではない石原大佐は、第二課長に上番してはじめてさまざまな機密書類を見せられたが、極東ソ連軍との戦力格差には絶句したという。ロシア革命から二〇年足らず、どうやってここまで軍事力を盛り返したか、さすがの石原大佐でも想像できなかった。そこで石原大佐は、宗教的ともいえる情熱をもって高度国防国家の建設を目指すこととなる。

ワシントン条約の期限切れということから、一九三六（昭和十一）年から危機がはじまるとされ、それに向けて陸軍は『国防国策大綱』を、海軍は『国策要綱』なるものを唱導し、それの統合を模索していた。

実務レベルからトップにいたるまでの折衝は、非常にフランクに行なわれたものの、問題の昭和十一年に入っても妥協点を見いだせなかった。それも当たりまえで、陸軍と海軍は向いている方向が逆だったからだ。

陸軍を主導していたのは石原莞爾大佐だから、満州国の産業を振興させ、日本の国力を底上げしてソ連に対抗するという図式を描くのは当然だ。しかし、満州国の資源を過大に評価しすぎるという致命的な欠陥がある。たしかに満州には、世界的な規模の遼寧鉄鉱床があり、石炭も豊富だ。

しかし、ここで産出する鉄鉱石は低品位の褐鉄鉱で結晶水を含むから、特殊な直接製鋼法で精錬しなければならない。当時の探鉱技術では、満州国においてマンガン、銅、錫、クロム、ニッケルといった戦略資源は発見できなかった。そもそも鉄道に依存する内陸部の資源活用は、効率的なものではない。

海軍は大陸における地歩の確保とともに、南方に発展することを基本方針としていた。すなわち「北守南進」だが、本音のところでは海峡部と石油の産出地だけに関心を向ける。また、海軍と陸軍のコミュニケーションを阻んだのは、石原莞爾課長が宗教的な色彩が濃い世界最終戦論や東亜連盟を高唱したことだった。単純な砲術屋、水雷屋で即物的な海軍の軍人にはまず通じない論理で、「あの人は軍人か、坊主か。満州事変を仕掛けた張本人がよく言う」といった目でしか見ないから、まとまる話もまとまらない。

陸海軍のあいだで形だけでも戦略計画の合意点がえられなければ、予算の配分が決められない。そこで軍令部は、より基本的な『帝国国防方針』と『帝国軍用兵綱領』の改定を提案した。明治四十年四月に制定、大正七年六月に補修、大正十二年二月に改定のものを再度改定しようというわけだ。昭和十一年二月からの協議のすえ、同年六月三日に改定された。これも完全な資料は残されておらず、関係者の筆写や記憶によるとつぎのようなものとされる。

まず『帝国国防方針』については、明治四十年のものと同じく、速戦速決（即決）を追求しながらも、長期戦の覚悟をもとめており、これは大正十二年のものと同じだ。想定敵国は、アメリカ、ソ連、中国、イギリスとした。このアメリカとソ連は順位をつけたもので、大正十二年改定のもののようにアメリカとソ連を同等に扱うというものではなかった。陸軍側は、ソ連、アメリカと大正七年補修のもののように順位をもどすようもとめたが、海軍側は納得せず、逆にアメリカ、ソ連と順位をつけることとなった。

なぜ、陸軍が譲歩したかといえば、まず二・二六事件の負い目が陸軍にあったろうし、陸軍はすでにこの『帝国国防方針』を重視しないで、代わりに近く『国防国策大綱』の裁可をえられるとみこんでいたからだとされる。この昭和十一年改定の『帝国国防方針』にある戦時の国防所要兵力は、つぎのようなものだったとされる。

・陸軍兵力＝五〇コ師団、航空一四二コ中隊（約一五〇〇機）

・海軍兵力＝主力艦一二隻、航空母艦一二隻、巡洋艦二八隻、水雷戦隊六コ（駆逐艦九六隻）、航空隊六五コ（約二〇〇〇機）

『帝国軍用兵綱領』においては、まず国内防衛における陸海軍の協同を示し、とくに対馬海峡の海上交通路の確保を強調している。これはウラジオストクを基地とするソ連海軍の潜水艦部隊を強く意識しているあらわれだ。外征での協同だが、対米作戦ではグアム島とルソン島要部の攻略だ。対ソ作戦では北カラフト、カムチャツカ半島要部、ウラジオストクの攻略だ。対中作戦では山東半島の青島の攻略、揚子江下流地域と華南沿岸の戡定があげられている。なんとも手広い構想だが、これを『帝国国防方針』で示した兵力量で達成しようというわけだ。もちろん、これを同時に遂行するのではないから、対応できるということだったのだろう。

海軍の兵力量を見ると、大正十二年改定の『帝国国防方針』よりも主力艦が二隻、航空母艦が八隻プラスとなっている。この主力艦二隻とは、㊂計画の戦艦「大和」と「武蔵」だ。航空母艦は㊁計画の「蒼龍」と「飛龍」、㊂計画の「翔鶴」と「瑞鶴」とつづく予定だ。㊁

計画が達成されれば、対米八割の戦力が確保されるとし、必勝の信念をかためたわけだ。太平洋戦争の開戦は、ほぼこの態勢で迎えることとなる。

陸軍の戦時所要兵力量は、最初の明治四十年四月のものにもどり、師団五〇コとされた。おもに想定している対ソ作戦は複雑なものだった。開戦劈頭、東部満州と朝鮮北部から進攻して沿海州一帯の敵航空基地を覆滅する。これが達成されないと、長距離爆撃機が日本本土を爆撃し、東京が焼け野原になってしまう。ウラジオストク要塞を攻略して、日本海における潜水艦の脅威を一掃しなければ、大陸戦線を維持できない。満州の北端から出撃し、ルフロウでシベリア鉄道を遮断して極東ソ連軍を干上がらせる。作戦計画そのものは健全にしろ、極東ソ連軍は毎年着実に増強されており、昭和十二年にはシベリア鉄道全線が複線化され、余裕をもって五〇コ師団を東送、それに対する補給も維持できるだろう。そうなると、こちらも五〇コ師団なければ勝ち目は薄い。

そこで問題は、五〇コ師団をひねりだせるかどうかだ。大正十四年五月の軍備整理以降、常設師団は一七コだった。大正十五年度から朝鮮軍の第一九師団と第二〇師団も動員して戦時編制にできることとなったが、二倍動員して特設師団を生み出すまでにはいたらなかった。内地の師団でも年度によって二倍動員できない師団もあるため、たとえば昭和十一年度では、常設師団一七コ、特設師団一三コ、合計三〇コ師団が戦時の上限だった。

これを一挙に五〇コ師団にするというのだから、これは魔法か手品というほかない。種を明かせば、師団の規模を縮小させての数字あわせだ。まず、編制をそれまでの四単位制（スクウェアー）から三単位制（トライアンギュラー）に移行する。それまで旅団司令部二コ、歩兵連隊四コの師団を歩兵団司令部一コと歩兵連隊三コにすれば、一七コ師団は二二コ師団と二コ連隊となる。師団司令部一〇コ、歩兵連隊一三コを新編すれば、師団二七コとなる。

こうして生まれた師団のうち、高定員制師団一〇コを関東軍に、三コを朝鮮軍に配置し、この外地にある一三コ師団は、動員基盤がないから二倍動員はできない。内地にある一四コ師団は二倍動員して戦時最大で二八コ師団となる。これらを合計すれば戦時四一コ師団となる。さらに内地に独立旅団七コを新編し、戦時にこれを師団に改編する。また、樺太、台湾軍、支那駐屯軍にあわせて二コ師団相当だから、総計五〇コ師団達成ということになる。これが昭和十一年十一月に決定した「一号軍備」で、昭和十七年度までに完成するとした。ただし予算の関係で独立旅団七コは当面見送られた。

この「一号軍備」の初度年度は昭和十二年度だから、海軍の㈠計画から遅れること五年、海軍はすでに日米戦を視野にいれた㈢計画をはじめたときだ。しかもその最初の年度中に盧溝橋事件となって支那事変に突入してしまったので、計画的に軍備を進められなくなった。当時、参謀本部第一部長だった石原莞爾少将が必死になって事変拡大を防止しようとしていたことは、この「一号軍備」との関係からもよく理解できる。なお、事変や戦争に対応しつつ、昭和十四年二月の「二号軍備」、十五年七月の「三号軍備」、十七年春の「四号軍備」とつづく。

「一号軍備」での三単位制師団は、戦時編制で約一万五〇〇〇人、歩兵連隊は約二九〇〇人

［表9］**大正6年〜昭和12年**

	陸士・海兵卒業者数	
	陸士	海兵
大正6年	536人	89人
7年	632人	124人
8年	489人	115人
9年	429人	171人
10年	437人	176人
11年	345人	272人
12年	315人	255人
13年	330人	236人
14年	302人	67人
15年	340人	68人
昭和2年	292人	120人
3年	225人	111人
4年	239人	122人
5年	218人	113人
6年	227人	123人
7年	315人	127人
8年	337人	116人
9年	338人	125人
10年	330人	124人
11年	388人	160人
12年	471人	187人

＊大正6年の陸士卒業生は29期、海兵は45期
＊『近代戦争史概説』

だった。昭和十年度の徴兵検査受検者は六一万三〇〇〇人、その三六パーセントが甲種合格だった。在営二年で回せば、平時二七コ師団は余裕をもって維持できる。また、在営の現役兵に乙種合格者の徴集、予備役の召集を加えれば、兵員数は戦時四一コ師団も十分可能だった。

人的なネックは少佐にあった。平時において所定の教育、職務のステップを踏ませると少尉任官から少佐進級まで一五年必要とされた。これでようやく戦術単位となる歩兵大隊をまかすことができる。予定どおり昭和十七年度に平時二七コ師団・戦時四一コ師団体制が完成したとして、少佐の歩兵大隊長がそれぞれ二四三人、三六九人が必要となる。歩兵よりも育成に時間がかかる砲兵大隊長がそれぞれ八一人、一二三人が必要だ。

大正軍縮の影響で、昭和二年卒業の陸士三九期生から三〇〇人を切り、ようよく三〇〇人を回復するのは、昭和七年卒業の陸士四四期生からだった。陸士、海兵の卒業者数は［表9］のとおりとなっている。とくに削減の対象となったのは、所帯が大きく切りやすい歩兵

科で、陸士四〇期の歩兵科は一一三人で、これが最低となる。歩兵少佐は、中央官衙の課員、各学校の教官、師団参謀とさまざまなところから求められている。大隊長で三年勤務させても、少佐は足りなくなる。この正規将校の不足を補うため、部内から選抜する少尉候補者が毎年二〇〇人ほどいたが、少佐になるまで一八年かかり、年齢の関係で歩兵大隊長に補職することは考えていなかった。

この将校、士官についてだが、大正八年八月入校の海兵五〇期生は、「八八艦隊」構想のもとで三〇〇人もの大量採用となった。これが海軍にとって隠れた資産となった。ワシントン条約による軍縮で、大正十一年入校の海兵五三期生は五一人、五四期生は八〇人と激減する。五五期生から一〇〇人台を回復し、昭和九年入校の六五期生からは二〇〇人台となった。艦艇数が数年で一挙に二倍、三倍になることはありえないから、海軍は陸軍よりも幹部要員の補充には余裕があった。

◆戦艦で陸軍部隊を急送

昭和十二年度作戦計画による対中作戦構想は、つぎのようなものだった。

華北有事の場合、三コ師団基幹の第七軍（部隊番号は仮称、以下同じ）をもって平津地区（北平＝北京、天津）を占領して確保する。山東半島にまで紛争が拡大した場合、二コ師団基幹の第八軍を投入して、青島、済南、海州（連雲港）を占領する。状況に応じてさらに三コ師団を送り、華北五省（河北、山東、山西、察哈爾、綏遠）を戡定し、あわよくば満州国と中国とのあいだに緩衝地帯を設けるという目論見もあった。

華中有事の場合、まず三コ師団基幹の第九軍で上海一帯を確保し、ついで二コ師団基幹の第一〇軍を杭州湾に上陸させ、上海、南京、杭州の三角地域を戡定する。華南の場合、台湾の防衛が主眼で、大陸で作戦するにしても一コ師団にとどめる。実際に支那事変においては、この華北と華中の二正面作戦ではじまったが、本来は二正面作戦の同時進行は、できるだけ回避することになっていた。華中に入れる五コ師団は、すぐさま対ソ戦に転用できないからだ。対中作戦構想といっても、常に対ソ作戦を意識していなければならない陸軍は、苦しい立場にあった。

海軍は重点を揚子江流域におき、佐世保と一帯となった上海の第三艦隊が居留民の保護にあたる。戦火が本格的に拡大した場合、海軍の対中作戦構想はどうだったのかはっきりしないが、実際の経過はつぎのようになった。第三艦隊が上海で手が一杯になると、第二艦隊が出動して華北一帯の海上封鎖にあたった。昭和十二年十月に華南で第四艦隊が新編され、第三艦隊とあわせて支那方面艦隊とした。第四艦隊は、昭和十二年末に華北担当となる。昭和十三年二月には、第五艦隊が編成されて華南の沿岸作戦に投入された。

ここで改めて昭和十二年七月七日に突発した盧溝橋事件から、その拡大について語る必要はないだろう。とにかく日中衝突事件が起きてしまい、支那駐屯軍四〇〇〇人の兵力では、山海関から北京までの京奉線四二〇キロ、その沿線の居留民一万二〇〇〇人の生命、財産を守れないから派兵するという事態となったわけだ。奉勅命令の臨参命第五六号と第五七号が七月十二日に伝宣され、関東軍から混成旅団二コ、朝鮮軍から第二〇師団が華北に派遣された。これは年度作戦計画訓令にもとづくもので、さほど重大な決心ではない。前述した昭和十二年度作戦計画にもとづき、念のため広島の第五師団、熊本の第六師団、姫路の第一〇師団の動員、華北派遣が考慮されたが、内地師団の動員となると宣戦布告とおなじくらいの重さがある。

動員の責任者となる参謀本部第一部長（作戦部長）の石原莞爾少将は、内地師団の動員を渋りつづけた。「一号軍備」を軌道に乗せるためにも、その初年度に内地三コ師団は動員できないと石原部長が考えたのも当然だ。しかし、満州事変の火を点けた人が「日中戦うべからず」と説いても説得力は弱い。それよりも現実問題からして内地師団の動員は難問だ。三コ師団を動員して戦時編制とし、それを三ヵ月維持するには三億円必要だ。それを予算化するには議会の協賛が必要で、そうするためには内閣の同意が求められる。

杉山元

この問題を杉山元陸相が閣議に提出すると、近衛文麿首相は「いま、日本が大軍を中国に送ることは、国際的な重大問題になりかねない」と及び腰、米内光政海相は「出兵すれば全面戦争になりかねない。現地解決を図るべきだ」と主張する。もっともらしい理由をつけて決心を先送りするだけのことだ。そんなことをしていても、時代の大きなうねりなのだから、行き着く先に落ちつくものだ。結局、七月二十五日夜、北京と天津の中間地点で通信線の補修をしていた日本軍が攻撃されて死傷者をだす事態となり、ついに石原莞爾部長も決心し、内地三コ師団の動員が七月二十七日午後に下令された。これらの部隊が華北に到着したのは、八月十日から同月末にかけてであった。

米内光政

満州事変と第一次上海事変と同じく、華北の争乱はすぐさま上海に飛び火した。当時、上海特別陸戦隊の兵力は二五〇〇人だったが、情勢の悪化に応じて八月十一日に一五〇〇人が増派された。それに先立つ八月九日夜、上海陸戦隊の中隊長が中国兵によって射殺される事件が起きて、第三艦隊司令長官の長谷川清中将が中国当局に厳重抗議をした。ところが中国側は、誠意ある態度を見せないばかりか、兵力の集中でこれに応じ、八月十二日までに上海付近の中国軍は五万人以上になったと見られた。

ここでまた、昭和七年一月と同様、海軍が悲鳴を上げて陸軍に泣きついた。八月十日の閣議で米内光政海相は、上海の情勢を説明し、上海派兵を前提とした陸軍の動員準備をもとめた。また海軍の豹変かと杉山元陸相は引っ掛かるところはあったにせよ、居留民保護のためといわれれば受け入れざるをえない。これを伝えられた参謀本部第一部長の石原莞爾少将は難色を示したものの、閣議で陸相が同意したことには重いものがあるし、居留民と海軍陸戦隊を見殺しにするのかといわれれば返す言葉がない。結局、名古屋の第三師団と善通寺の第一一師団の動員が八月十六日からはじめられた。その前日の十五日、臨参命第七三号がだされ、上海派遣軍の派遣とその戦闘序列が定められた。

現地の上海では、八月十三日朝から日中両軍は交戦状態となり、翌十四日には中国空軍が陸戦隊本部、日本領事館を爆撃する事態にまでなった。これに対抗すべく、台湾の松山基地に進出していた鹿屋航空隊、朝鮮の済州島基地にあった木更津航空隊を合わせて編成した第一連合航空隊の九六式陸上攻撃機三六機をもって南京飛行場を空襲した。これが有名な渡洋爆撃だ。

上海特別陸戦隊が支えている戦線がいつ崩壊するかわからないほど戦闘が激しくなり、海軍は陸軍部隊を艦艇で急送することを申しでた。第一次上海事変でも陸軍部隊の第一梯団は艦艇で急行したが、今度はモノがちがう。連合艦隊の旗艦となっていた戦艦「陸奥」と「長門」、この虎の子の二隻を使ってくれという。このときの連合艦隊司令長官は永野修身大将で、彼は日露戦争の旅順要塞攻略戦に海軍陸戦重砲隊の中隊長として従軍している。そんな体験があるためか永野司令長官は、艦砲支援をする場合があるかも知れないから、徹甲弾をおろしてもよいから、通常榴弾を多く積んだらどうかという。参謀長の小沢治三郎少将は、いくらなんでも戦艦がそこまではと、定数のまま出撃となった。

排水量四万トンにもなる戦艦の輸送力はたいしたものだ、

小沢治三郎

「陸奥」は名古屋の熱田港で第三師団の歩兵大隊三コと野砲兵大隊一コを、「長門」は徳島県の多度津港で第一一師団の歩兵大隊四コと山砲兵大隊二コを揚搭し、両艦とも八月二十日に出港し、最大戦速で上海に急行した。乗艦した陸軍将兵にはボリュームのある艦内食を三食提供、課業後にはラムネ一本提供、さらに酒保を開いて甘味品の販売も行なった。しかも、乗員は甲板に寝て、ハンモックは陸軍に譲ったのだから大厚遇だ。

麗しい陸海軍の関係は、どうもここまでのようだった。まず、「陸奥」と「長門」は揚子江に入らないで、馬鞍群島で軽巡洋艦や駆逐艦に陸軍部隊を移乗させて、上海に向かうこととなった。喫水の関係で黄浦江はもちろん、揚子江でも不安が残るからだろうが、それでは最初から駆逐艦などで急行すべきだろう。戦艦の艦砲支援という場面を想定していたならば、座礁の危険を冒してでも揚子江に入るべきではないか。しかも大慌てでの移乗中、「長門」と軽巡洋艦「大井」が接触事故を起こすとさんざんな結果となった。

陸上戦闘はそれ以上に深刻で、上陸時から激戦に巻き込まれた。八月二十八日から第三師団は黄浦江と揚子江の合流部に、第一一師団は揚子江岸に上陸したが、これが最悪の敵前上陸となってしまった。海軍陸戦隊が上陸海浜を確保していないばかりか、偵察もしていなかったのだ。こういう時こそ艦砲支援、近接航空支援なのだが、それが行なわれたのかどうかすら不明だ。どうにか上陸しても苦戦がつづき、二ヵ月間の戦闘で第一線の歩兵の損害は一〇割、すなわち全員入れ替えという事態となった。この難局を打開したのは、十一月五日からの第一〇軍による杭州湾上陸だった。この上海での苦戦はまず陸軍に海軍に対する不信感をいだかせ、さらには計画になかった首都南京攻略の強行につながり、事変の拡大、長期化をもたらした。

盧溝橋事件から二ヵ月、昭和十二年八月末の時点で日本軍は華北に八コ師団、華中に二コ師団を展開させていた。師団一〇コを派兵している、もうこれは戦争だ。ちなみにこのころ、米陸軍が保有していた正規師団は三コだった。ところが日本政府は、この事態を北支事変（七月十一日命名）、支那事変（九月二日改称）と呼び、あくまで「事変」で戦争ではないとした。

なぜ正々堂々と宣戦布告をして、「これは戦争だ」と鮮明にしなかったのか。もちろん一九二八（昭和三）年の不戦条約（日本は一九二九年七月批准）など国際的な取り決めがあるため戦争ではなく、あくまで局地の紛争としたかったのだろう。そしてまた戦争だとすると、中立の第三国からの武器、戦略物資の輸入に支障が生じる。アメリカとの交易で輸入される石油やクズ鉄、工作機械がなければ、日本は継戦能力を失う。同じような事情が中国にもあり、奇妙な暗黙の了解のもとに「事変」がつづいた。

掲げる看板はさておき、国策の統一と国力の造成は急務だ。そこで昭和十二年十月、内閣を強化するため臨時内閣参議官制が導入され、国力拡充のため企画院がもうけられた。統帥面での一元化ももとめられ、大本営の設置となるが、ここで問題が生じた。明治三十六年の戦時大本営令は、あくまで戦争に対応するもので、「事変」には適用できないとのお堅い理屈がこねられたわけだ。

［表10］ **大本営陸軍部**（昭和12年11月末現在）

- 参謀総長（閑院宮載仁大将、草創期）
  - 参謀次長（多田駿中将、#15）
  - 総務部（中島鉄蔵少将、#18）
    - 庶務課（諫山春樹大佐、#27
    - 第1課（教育、鈴木宗作大佐、#24）
  - 第1部（下村定少将、#20）
    - 第2課（作戦、河辺虎四郎大佐、#24）
    - 第3課（編制、綾部橘樹大佐、#27）
    - 第4課（防空・要塞、吉田権八中佐、#29）
  - 第2部（本間雅晴少将、#19）
    - 第5課（ソ連情報、欠員）
    - 第6課（欧米情報、丸山政男大佐、#23）
    - 第7課（中国情報、渡左近中佐、#27）
    - 第8課（宣伝・謀略、影佐禎昭大佐、#26）
  - 第3部（渡辺右文少将、#21）
    - 第9課（鉄道・船舶、加藤鑰平大佐、#25）
    - 第10課（通信、大津和郎大佐、#23）
  - 兵站総監部（多田駿中将兼務）
    - 運輸通信長官部（渡辺右文少将兼務）
    - 野戦兵器長官部（木村兵太郎少将、#20）
    - 野戦航空兵器長官部（安田武雄少将、#21）
    - 野戦経理長官部（栗橋保正主計少将兼務）
    - 野戦衛生長官部（小泉親彦軍医中将兼務）
  - 大本営陸軍報道部（原守大佐、#25）
  - 大本営陸軍管理部（諫山春樹大佐兼務）

*#は陸士期

そこで昭和十二年十一月、勅令をもって戦時大本営令を廃止して、あらたに大本営令を公布して、同月二十日に大本営が設置された。大本営陸軍部は、三宅坂の参謀本部内におかれたが、昭和十六年に市ケ谷の陸軍士官学校跡に入った。大本営海軍部は、霞ケ関の海軍省の二階、軍令部と同居のままで終戦を迎えている。

新しい大本営令によって、現代戦に対応できる最高統帥部が誕生するかと期待されたが、フタを開けてみると、日露戦争当時のままの陸海軍並列の組織だった。設置当初の組織は［表10］と［表11］のとおり。

改正案が検討されたとき、陸軍の意見では日清戦争当時の主旨に立ちもどり、大元帥たる天皇の直下に統合幕僚長をおき、その下に陸海軍の統帥部長として参謀総長と軍令部総長が位置するというものだった。海軍ははじめから大本営の必要性を認めず、ただ陸海軍共同作戦の指導部という位置づけならば反対しないという姿勢だった。

大本営にまったく関心がないように見られた海軍だったが、話がその構成や人事におよぶと、執拗に自分の意見を押し通そうとした。山本権兵衛直伝の「なんでも平等、なんでも対等」という路線だ。

［表11］ **大本営海軍部**（昭和12年11月末現在）

軍令部総長（伏見宮博恭大将、草創期）
- 軍令部次長（嶋田繁太郎中将、#32）
- 大本営海軍副官部（市岡寿大佐、#42）
- 第1部（近藤信竹少将、#35）
  - 第1課（作戦、福留繁大佐、#40）
  - 第2課（艦船運用、金沢正夫大佐、#39）
- 第2部（高橋伊望少将、#36）
  - 第3課（軍備、沢田虎夫大佐、#41）
  - 第4課（動員、河野千万城大佐、#42）
- 第3部（野村直邦少将、#35）
  - 第5課（米州情報、小川貫璽大佐、#43）
  - 第6課（支那情報、伊藤賢三大佐、#41）
  - 第7課（欧ソ情報、前田稔大佐、#41）
- 第4部（前田政一少将、#34）
  - 第8課（通信計画、志摩清英大佐、#39）
  - 第9課（暗号、黒瀬浩中佐、#41）
  - 第10課（外国通信、中杉久治郎大佐、#36）
- 海軍報道部（野田清少将、#35）
  - 第1課（報道計画、山崎重暉大佐、#41）
  - 第2課（報道防諜、小川貫璽大佐兼務、#43）
  - 第3課（宣伝、原田清一大佐、#39）
- 大本営通信部（降幡敏少将、#35）
  - 第11課（諜報、中杉久治郎大佐兼務、#43）
  - 第12課（通信機関、中杉久治郎大佐兼務、#43）

*#は海兵期

だれが見ても支那事変は陸軍主体の戦争なのだが、海軍はあくまで対等な発言権をもとめる。当時、軍令部の人員は参謀本部の五分の一ほどだったのに、大本営では陸軍部と同数の人員を要求した。

なお、大本営開設

時の陸軍部は参謀、副官、幕僚付をあわせて約二二〇人だった。

◆青島とハイフォンでの出来事

支那事変中、陸軍と海軍とが緊密な連携をたもって戦う場面は、揚子江の溯江作戦ぐらいだから、その関係が確執にまで発展するケースはないように思われよう。ところがそうではなく、長く尾を引く問題が昭和十三年一月に山東半島の青島で、また昭和十五年九月にベトナムのハイフォンでおきた。

膠済線(済南～青島)沿線を中心に山東省には居留民が二万人ほどおり、青島には日本資本の紡績工場があった。ここ青島と上海については、陸海軍が共同して居留民と権益の保護にあたると協定されていた。ところが上海方面の情勢が緊迫したため、青島には海軍の手がまわらなくなり、山東省の居留民は一斉引き揚げとなった。

昭和十二年十二月、南京方面に圧力を加えると同時に、できれば山東省を親日に転じさせるという目的をもって、北支那方面軍が済南を攻略することとなった。するとこの作戦に米内光政海相が異議をとなえた。済南作戦は青島までおよぶことになろうが、その青島の処理は陸海軍が共同してあたるとの協定があることをお忘れではないだろうというわけだ。それはもっともと大本営陸軍部は、北支那方面軍司令官に大陸指第二六号をだして、青島については改めて指示すると念を入れた。

十二月下旬、済南を占領した第五師団は膠済線沿いに東進し、昭和十三年一月末までに青島に入れる見こみとなった。すると海軍は連日、偵察機を飛ばしはじめた。中国軍の動静を偵察して陸軍に通報するのではなく、第五師団の進撃状況を監視するためだった。華南での進攻作戦が中止されたため、第四艦隊（昭和十二年十月新編）の手があくので、これを使って先に青島に入って陸軍の鼻をあかそうと画策しているのだ。そんな児戯じみた話ではなく、青島の権益がからんでいるとの話もある。巡り合わせの悪いことに、第四艦隊司令長官は海軍きっての陸軍嫌いとして知られる豊田副武中将だった。

抜け駆けを狙った海軍だが、一応は青島攻略の共同作戦を陸軍に申しでた。このころ、陸軍が海路で青島に向けられるのは、第五師団の一部で南京にあった国崎支隊（歩兵第九旅団基幹）しかなく、いくら急いでも青島に上陸できるのは一月二十日ごろと見られていた。だから陸軍に話をもちかけても、海軍は青島一番乗りをのがすはずがない。海軍は素知らぬ顔をして陸軍と協議し、陸路で迫る第五師団が青島に入るのを待ち、陸海軍共同で占領するということで話をまとめた。

豊田副武

ところが第四艦隊は、訓練に使うと偽って宇品の陸軍運輸部から上陸用の大発（大発動艇）二〇隻を借用し、これを使って一月十日、青島に上陸してしまった。上陸の直前、大本営陸軍部に青島上陸を通報して、形だけはつくろった。これを聞いた参謀次長の多田駿中将は、陸戦隊だけでは危険だから、すくなくとも国崎支隊の到着まで待てと通告し

上陸地点に向かう指揮艇旗を掲げた大発
（「日本工兵写真集」原書房より）

たが、軍令部も第四艦隊も聞く耳をもたなかった。弱体な陸戦隊と中国軍との戦闘が危惧されたが、東進してくる第五師団に圧迫されたため、中国軍は青島から撤退しており無血上陸となった。

青島に一番乗りした第四艦隊は、すぐさま目ぼしい建物、施設には用意してきた「海軍用」と大書したビラを貼りつけ、軍艦旗を掲げ、警備兵を配置した。ドイツが租借していた時代からの瀟洒な別荘も見逃さない。海軍が上陸した翌日の十一日、陸軍の海運根拠地設定隊が到着すると、やっかいな港湾業務は彼らに丸投げし、海軍は戦勝祝賀の大宴会だ。なにしろドイツ・ビールの直系、チンタオ・ビールの青島だから、おおいに盛り上がったことだろう。

陸路四〇〇キロを踏破した第五師団は、一月十九日に軍艦旗の波に迎えられて青島に入った。師団長の板垣征四郎中将は、ただ苦笑いするだけだったという。本来ならば、豊田司令長官が出迎え、それこそ青島ビールで乾杯という場面だが、そういう話は伝わっていない。それどころか、師団司令部が入れるような建物を譲ってくれない。将兵の宿営施設も面倒みてくれず、通りに野営となる。粗末なので海軍が見落としていた膠済鉄道監理局の建物に師団司令部が入ることとなった。

この海軍の態度によって、陸海軍の関係は極度に悪化し、機関銃を構えて威嚇しあったともいわれ、これが語るに語れない陸海軍の最大の不祥事とされる。青島における陸海軍の関係はなかなか改善されず、心配した北支那方面軍司令官の寺内寿一大将は、昭和十三年一月に青島を訪れた。宴会の時は寺内大将と豊田副武中将は和気藹々とやっているが、翌日になればもとの険悪な雰囲気となる。海軍が市政を司り、駅の改札口、郵便局の窓口、はては遊郭まで陸海軍はべつというのだから徹底している。

このような不自然な形が改善されたのは、第四艦隊司令長官が日比野正治に代わり、また再び青島に入った第五師団長が今村均となった昭和十四年一月になってからのことだった。日比野は駐満海軍部長官を務めたが、その時の関東軍参謀副長が今村だった。このような人間関係から、なにからなにまで陸海軍別ということが改善された。すると日比野中将は陸軍に軟弱だ、海軍の権益が侵害されているとの悪評が立ち、一年足らずで司令長官を下番することとなった。

太平洋戦争への踏み切り台となった仏印（フランス領インドシナ）進駐は、昭和十五（一九四〇）年九月の北部（東京州）と翌十六年七月の南部（安南州）と二段階で行なわれた。まったく間の悪い時に南へでたことになる。ヨーロッパ戦線では、一九四〇年六月にフランス降伏、四一年六月に独ソ開戦、このかげに隠れて日本がなにやら勝手なことをしていると見られても仕方がない。国際政治のセンスがないことを露呈したわけだが、それ以上に作戦の不手際には驚かされる。

昭和十五年に入ると、中国の継戦能力を低下させるために、援蔣ルート（対中支援ルート）の遮断が大きな問題となっていた。仏印にある援蔣ルートは、ハイフォン港で陸揚げし、滇越線（てんえつ）（滇は雲南省の古名）で昆明、陸路で重慶に至るもの、カオピンから陸路で貴陽経由で重慶に至る二本があった。また南寧に入りこんで孤立している第五師団を仏印経由で撤収させる、さらに仏印領内に航空基地を設定して中国奥地への爆撃を可能にすることももとめられていた。さらに戦略的には、いよいよ南方への跳躍がはじまろうとしていた。

北部仏印進駐の現地交渉のため、大本営は陸海軍共同の仏印派遣監視委員会をハノイに送った。委員会が現地に事務所を開設したのが昭和十五年七月初頭、委員長は西原一策陸軍少将だった。西原少将は陸士二五期、騎兵科の首席、陸大三四期の恩賜、フランス駐在、東京帝大政治学科卒業というエリートで外交的なセンスもあり、海軍側委員ともよい関係を保ち、フランス側の信頼もえていた。

ところが八月、参謀本部第一部長の冨永恭次少将が現地指導と称してハノイに入ってから話がおかしくなった。冨永部長はなぜか東京や現地の意見を無視して、武力を行使しての進駐は望むところと強硬姿勢で押しまくった。いったんは進駐部隊は兵力五〇〇〇人、航空基地は三ヵ所でまとまりかけていたのに、冨永部長はこれを二万五〇〇〇人、基地はハノイをふくむ五ヵ所と言い値を吊り上げる。いくら相手が敗戦国のフランスでも、これではまとまる話もまとまらない。教養人で知られる西原一策は思いあまって東京に、「統帥乱れて信を内外に失う」と打電したのだから、よくよくのことがあったのだろう。

仏印進駐の経緯や陸路で入った第五師団についてはさておき、ここでは海路でハイフォンに入った印度支那派遣軍の上陸顛末について見てみたい。この部隊は昭和十五年九月に編成されたもので、「派遣軍」とはいいながら、その内容は近衛歩兵第一旅団司令部、近衛歩兵第二連隊、野戦高射砲隊、兵站自動車中隊からなる小規模な部隊で、外交的な見地から「派遣軍」と称した。この部隊の任務は、提供された航空基地の警備とされた。

当初の計画では、第五師団が南寧から陸路で北部仏印に入った翌日未明、印度支那派遣軍はハイフォン港のすこし南のドーソンに上陸することになっていた。ところが現地の海軍は、上陸海浜の確保に時間が必要だとして陸軍側の時程に難色を示し、合意に達しないまま時間がすぎた。また外交交渉が不調に終わり、武力進駐となった場合、朱川の河口部、鉄橋で有名なタンホアに第一八師団の歩兵大隊三コを上陸させる予定となっていた。

ハイフォンの北東二〇〇キロの欽州湾で乗船した印度支那派遣軍は、昭和十五年九月二十二日に第二護衛隊の警護のもと、ドーソンに向けて出発した。二十二日午後までの日仏現地交渉でハイフォンに入港できることとなったが、陸路で入る第五師団の正面で戦闘となったため、ハイフォン港の利用は見合わせることとなった。そこで印度支那派遣軍は、当初のようにドーソンへ敵前上陸することとなった。

ところが軍令部、大本営海軍部は、「海軍の武力行使は自衛のみ」とし、第二遣支艦隊は第一護衛隊に「強行上陸はひかえるよう陸軍に申し入れる」と連絡してきた。南支那方面軍は第二遣支艦隊に、二十四日未明予定の上陸に協力してくれるよう要請した。ところが、この上陸は直前になって中止された。第一護衛隊が「南支那方面軍も上陸中止の意向」と誤訳した暗号電報を陸軍に示したからとされるが、そのあたりははっきりしない。

日仏現地交渉はつづけられており、二十四日夕刻までにハイフォン港への平和進駐で合意したが、二十五日に入ると第五師団正面での戦闘が再燃したためまた中止となった。じれてきた印度支那派遣軍は、二十六日未明にドーソン上陸決行とし、現地での陸海軍協定も成立した。そこに第二遣支艦隊から、「上陸は中止、陸軍が応じなければ至急離脱せよ」と強い調子の指令が入った。第二遣支艦隊司令長官は五・一五事件の裁判長を務めた高須四郎中将だった。

そうこうしているうちに、また二十六日朝からハイフォン入港を認めるとの通報が入る。ついに印度支那派遣軍司令官の西村琢磨少将が激怒し、なんであろうと二十六日未明、ドーソンに敵前上陸するとなった。この混乱した状況を憂慮した大本営は、陸軍部、海軍部ともに指令を出した。それは「九月二十六日十二時（日本時間）まで待て。そのときまでに平和進駐の協定が成立すれば、九月二十七日午前八時までにハイフォン港に上陸しろ。協定が成立しなければドーソンに敵前上陸しろ」というものだった。

感情的になっていた西村琢磨軍司令官は、なんとこの指令を握り潰し、二十六日午前四時からドーソンへ向けての敵前上陸を開始した。第一護衛隊は、上陸用舟艇の発進を見るとすぐさま護衛を解き、海南島の海口に帰還してしまった。陸軍の強気な姿勢とその統帥の乱れが問題のはじまりにせよ、緊迫した場面で海軍が「陸の戦友」を見捨てたことは事実だ。この仏印進駐の問題で参謀本部は総入れ替えのようなことになったが、とにかく強行上陸は無事に終わったので、結果オーライですまされた。

◆カネ、モノ、ヒトの配分

陸海軍の間で熾烈な予算獲得合戦が展開されていたとしても、それはあくまで水面下での話だ。日本の制度では、政府が軍事費の総額を決定し、陸軍と海軍の配分は陸軍省と海軍省の話し合いで決めてくださいということではなかった。そんな制度だったならば、収拾のつかない事態となったろう。

陸軍省と海軍省は、個別に大蔵省と折衝する。当時の事務レベルでは、まず陸軍省軍務局軍事課、海軍省軍務局第一課と大蔵省主計局予算決算課との折衝だ。ここで叩き台がつくられ、それをもとに各軍務局長と主計局長が話し合って事務レベルの原案がつくられる。そして政治的な決定は主に、首相、蔵相、陸相、海相によってなされる。軍部大臣には帷幄上奏権があるにせよ、身分は文官で首相の裁断にはしたがわなければならないから、予算をめぐって閣議の席で陸相と海相がつかみあいしても意味がないことになる。

それでも時たまに、予算がほぼ決まってから、どうしても多少の色をつけてもらいたいというケースもある。そうなると大蔵省としては、予算の総枠は決まっているから、軍事費のなかで調整して欲しいとなり、ここに陸相と海相との相談が始まる。海軍がもう少しとねだる場合が多かったそうだが、太っ腹なところを見せたがる陸相が多かったからか、陸軍費を削って海軍費に回すとなる。閣議の席で、「さすが閣下、国軍全体を考えておられる」と持ち上げられ、陸相は得意満面だ。

ところが収まらないのが、予算獲得を任務とする軍事課の面々だ。海軍に譲った予算の額の問題ではなく、面目の問題だから厄介な話に発展する。せっかく手にした予算をねだられて譲るとはなんだ、意気地のないことおびただしい、「あれはダラ幹」となる。さらには、なにかよこしまな望みがあるので政治に色目をつかうという話になり、部内に下克上の雰囲気が広まる。これは建軍当初からあったとも語られていた。

このような予算にまつわる話も、昭和十二年九月十日に臨時軍事費特別会計第一回予算が公布され、これですべて解決となった。[表12]で示したように、青天井のとてつもない予算額だ。平時の最後の昭和十一年度の軍事費総額は一〇億六〇〇〇万円だったのだから、軍人はだれもが舞い上がったことだろう。

ちなみに、この臨時軍事費特別会計の財源はなんだったのか。六二パーセントが公債及び繰替借入金だった。ようするに国がほぼ無制限に借金したということだ。では、どうやって償還するつもりだったのか。戦争に勝てばどうにかなるということなのだろうが、日露戦争のように賠償金が取れなかったらどうするのか。戦後はインフレにすれば、どうにか帳尻は合うという無責任な考え方をしていたにちがいない。では、なにに使っていたのか。八三パ

［表12］ **昭和15年度以降歳出予算額**(単位1000円、%＝対予算総額比)

	一般会計	臨時軍事費特別会計	合　計
昭和15年度	6,173,766(53.07%)	5,460,000(46.93%)	11,633,769
16年度	8,657,849(43.00%)	11,480,000(57.00%)	20,137,849
17年度	9,317,326(34.11%)	18,000,000(65.89%)	27,317,326
18年度	14,459,908(34.88%)	27,000,000(65.12%)	41,459,908
19年度	21,838,224(25.74%)	63,000,000(74.26%)	84,838,224
20年度	28,951,027(25.41%)	85,000,000(74.59%)	113,951,027
12年度以降歳出予算額	100,813,270(31.24%)	221,935,077(68.76%)	322,748,347

*『終戦史録』

ーセントが物件費、九パーセントが人件費、占領地の軍政関係費が四パーセントとなっている。

陸海軍だけの責任ではないにしろ、「あとは野となれ、山となれ」の臨時軍事費特別会計だが、これで戦争に対応する予算措置はととのった。すると、その潤沢な予算で買う物がないという喜劇になった。当時は「物動」と称していたが、資源の配分が円滑に進まない。この「物動」を差配していたのは、昭和十年五月に設置された内閣審議会と内閣調査局、これを十二年五月に企画庁とし、さらに支那事変勃発後の十二年十月にもうけられた企画院だった。そして絶対国防圏を設定したのちの昭和十八年十一月、商工省、農林省、逓信省、鉄道省、そして企画院を整理統合して軍需省、運輸通信省、農商省とした。

日本全体の「物動」を管理、運営する機関が頻繁に改編を重ねるということは、それがうまく機能していないことを意味する。民需はこれだけと決めれば、お上のご威光で民間は受け入れざるをえない。ところが企画院も軍需省も、民需と軍需の配分はできても、その軍需を陸軍と海軍とにわけられない。なぜかといえば、企画院や軍需省は各省庁からの出向者の寄せ集め、しかも中枢部は陸軍と海軍の現役軍人が占めている。モノを扱う中央機関の内部で、陸軍と海軍がその争奪戦を演じているのだから、これはもう収拾がつかなくなるのも無理はない。

それでも多少は余裕があるころ、企画院は陸海軍への配当を一応きめていた。例えば太平洋戦争の開戦前、昭和十七年度の普通鋼材の年度生産量は四五〇万トン以上とし、海軍に一一〇万トン、陸軍に七九万トン、民需に二六一万トン配当すると決めた。もちろん陸軍はこれに不満だ。そこで企画院は、四五〇万トン以上生産できれば、上限九〇万トンまで陸軍に回すという妥協案を示した。

では、実際どうだったのか。昭和十七年度の普通鋼材の生産計画量は四九八万トンとしたが、生産実績は四一八万トンにとどまった。陸軍への配当量に色をつけるどころか、三者の配当量を削らなければならなくなった。計画の数字だけを食べて満足しているわけで、これは戦況が切迫すると顕著になる。また、この傾向がつづくと、計画の段階で押さえてしまえと資源の争奪が激化する。しかも海軍は、常に陸海軍平等を主張するから、まとまる話もまとまらない。鋼材の生産と配分については、［表13］の通り。

どこに根本的な問題があるかは、考えなくともすぐにわかる。国内の資源が乏しい日本は、原材料を海外から移入しなければならないのだから、船腹量がすべてを決定する。そこで造船だとなる。そのためには鋼材の供給を増やさなければならない。一万総トンの輸送船を建

[表13]　**鋼材生産と配分**

鋼材の生産実績（単位1,000トン）

	普通鋼鋼材	特殊鋼鋼材
14年度	5,096	480
15年度	4,794	387
16年度	4,410	416
17年度	4,251	539
18年度	4,509	798
19年度	2,744	858
20年度上半期	253	149

*14年度、15年度は国民経済研究協会調
*16年度以降は商工省統計
*国内生産に在庫回収補填、満州より取得、第3国より輸入を含む
*商工省統計と国民経済研究協会調と相異あり

軍需、民需の配分計画（普通鋼鋼材／特殊鋼鋼材、単位1,000トン）（年度計画値）

	陸軍	海軍	航空	民需	備考
14年度	929／125	500／129	4,819／153		
15年度	740／75	510／86	4,223／118		
16年度	876／99	927／136	2,952／129		
17年度	900／127	1,100／165	2,000／111		
18年度	1,020／142	1,080／188	2,937／10		
19年度	1,370／990	50	2,730／110		陸海軍合計
20年度上半期	80／55	68／61	100／182	154／17	実施計画値

*国民経済研究協会調。戦史叢書『陸軍軍需動員<2>』

造するには鋼材六八五〇トン必要になる。そこで鉄鉱石とコークス用石炭の大量輸入をとなるが、そのためには造船能力の強化におちつく。このどうどう巡りを当局は、「循環的矛盾」と称して考えこんでしまった。そんな日本を尻目にアメリカは、一万総トンのリバティー型輸送

船を八時間に一隻の割合で進水させていた。

主戦場が中国大陸から太平洋に移ったのだから、予算と資材は海軍に傾斜配分されるのは当然だ。人事面でもそうあるべきだ。昭和十六年四月から十八年十月まで企画院総裁は鈴木貞一だった。軍需相は昭和十八年十一月から十九年七月まで東條英機、そして軍需省航空兵器総局長官は十八年十一月から終戦まで遠藤三郎だった。承知のようにこの三人、陸軍将官だ。トップを押さえた陸軍は、好きにやれると思いきや、日本の組織倫理からそうはいかない。出身母体に犠牲を求めないと周囲が納得しない。これでますます海軍への傾斜配分となり、陸軍の不満が鬱積する。

どうにも劣勢となる陸軍だったが、兵員の徴集、配分については海軍の追随を許さなかった。平時の一七コ師団体制時、全国に五六コの連隊区司令部をおき、各地の市町村役場と連携して徴兵検査、入営、召集、復員の業務を行なっていた。

昭和十六年八月からは、連隊区司令部を府県庁所在地の一ヵ所、北海道は従来の四ヵ所に樺太の豊原をくわえた。また外地には兵事区をもうけ、朝鮮に一三ヵ所、関東州に九ヵ所、台湾に五ヵ所となっていた。これを中央で統括するのは、大正十五年から昭和十一年まで陸軍省軍務局の徴募課、十四年まで人事局徴募課、終戦まで兵務局兵備課だった。連隊区司令官は現役の陸軍大佐だった。

海軍は基本的に志願制だが、海軍を志願した者が各鎮守府にある海兵団に入るまでの事務手続きは、連隊区司令部と市町村役場の兵事係が行なう。志願者だけでは充足しない場合は、陸軍に割愛を求めることとなる。ここに海軍の弱みが生まれる。そこで海軍も陸軍の幼年学校のように、早く優秀な者を押さえようと考える。

まず育成に時間がかかる航空兵を一五歳から一七歳を対象に募集した。これが昭和四年十二月から始まった飛行予科練習生（予科練）の制度で、終戦までに二五万人を受け入れている。また、高等商船学校の卒業生は一律、予備士官となるが、昭和九年十月からこの範囲を広げ、専門学校や高等学校卒業の学歴がある者は、志願によって海軍予備学生となり、予備士官に任官させていた。

第五章

大勝利の裏に崩壊の芽

「殊に海軍との協同は緊密良好にして、間然するところなし。また小沢南遣艦隊司令長官の自信ある態度については、信頼の念殊に深し」

昭和十六年十一月三十日、南方軍総司令部報告

◆宝の山への渡洋作戦

つい忘れがちなことが、太平洋戦争の戦争目的だ。まず昭和十六（一九四一）年十一月五日の御前会議で決定した『帝国国策遂行要領』には、「帝国ハ現下ノ危局ヲ打開シテ自存自衛ヲ完ウシ大東亜ノ新秩序ヲ建設スル為此ノ際米英蘭戦争ヲ決意」とある。同日発令の大海令第一号には、「帝国ハ自存自衛ノ為十二月上旬米国英国及蘭国ニ対シ開戦ヲ予期シ諸般ノ作戦準備ヲ完整スルニ決ス」とある。同月十五日発令の大陸命第五六四号には、「大本営ハ帝国ノ自存自衛ヲ完ウシ大東亜ノ新秩序ヲ建設スル為南方要域ノ攻略ヲ企図ス」とある。

この共通項は「自存自衛」だから、それが太平洋戦争の戦争目的だとしてよいだろう。人口に膾炙する四文字熟語ではないので本当の意味を探ってみたい。「自存」は『戦国策』の斉策が出典で、ある食客が「貧乏不能自存」だったことを語る一節から引用したものだ。「自衛」については出典を探るまでもないだろう。それにしても国策を表現するのに、「貧乏だと自活ができない」とは正直なことだ。

みずから貧しいと認めている国が、中国との全面戦争をつづけながら、世界大乱の時代にどうやって生きて行くのか。満州には期待したほどの資源があるわけでもないし、その重化学工業化と意気ごんでも、アメリカの資本と技術の導入がなければ夢に終わる。そのアメリカは中国に同情的で、中国から手を引かないかぎり、日本にはクズ鉄も石油も輸出しないとまで態度が硬化してしまった。それならば中国やベトナムから撤兵すればよいと思うが、海軍はともかく陸軍が納得しない。陛下の赤子がひとりでも戦死したところ、忠霊塔を建立したところからは、一歩もさがれないと息巻くのだから処置なしだ。

これは困ったことになったと腕組みして見まわせば、なんと宝の山が海のかなたに輝いているではないか。インドネシアには石油、ボーキサイト、マレーには錫、生ゴム、鉄鉱石、ニューカレドニアまで手を伸ばせばニッケル、コバルトまである。そしてこの一帯はマラリアの特効薬キニーネの特産地だ。錫、生ゴム、キニーネを押さえれば、世界中が困るはず。オランダは亡命政府の国だから制圧は簡単だ。それ、南方でひと戦さだ、物盗りだけでは恥ずかしいから、大東亜の解放戦争だと名目をつけて盛りあがる。中国との戦争を継続するために、またあらたな戦争をはじめる、論理的にどこかおかしいが、「聖戦」「八紘一宇」との掛け声のなかに冷静な判断力がすいこまれて行く。

ちなみに一九四一年の時点で、ボリビアの錫鉱山が稼働しはじめており、合成ゴムのブタジエンゴムが量産されており、抗マラリア合成薬のアテブリンが商品化していた。したがって東南アジアが日本に制圧されても、連合国はさほど困ることはなかった。

思いこみによる勝算はともかく、南方の資源地帯に押しだすことは、当然ながら壮大かつ複雑な渡洋作戦となる。まずは制海権を握ってから陸上兵力を送りこんで制圧、確保し、産出した資源を内地に還送して戦力化する。それをまた南に送って不敗の態勢を築くというのだから大変だ。これを太平洋からインド洋までを舞台に演じようとするならば、海軍と陸軍の緊密な連携、すなわち統合が図られなければならない。ところがおおもとの大本営が陸軍部と海軍部が並列しているから、統合の話はいっこうに進まない。

開戦に先立つ昭和十六年十一月七日、大本営の陸軍部と海軍部は、南方作戦陸海軍中央協定を結んだ。それによると陸軍と海軍の関係は、指揮系統が二本の「協同」（コォペレーション）とされた。大本営が二系列なのだから当然の結論だ。ただし、局地的な地上戦において、陸軍部隊と海軍陸戦隊がともに行動する場合は、状況によっては統一指揮、すなわち「統合」（ジョイント）するとしている。ごくかぎられたケースでしか、陸海軍の統合が考慮されていなかったことになる。

本土と南方資源地帯を結ぶ海上連絡路を航行する船舶の護衛は、関係する陸海軍の指揮官のあいだで協議して決定するものとされた。原則としては、各方面作戦における上陸部隊の護衛は当然、海軍が行なうが、主力が上陸したあとの護衛は、状況が許すかぎりの兵力をあてるとして、場合によっては「陸軍さんは裸になりますよ」と釘をさしている。空船の帰航と台湾以北における一般の航行では、海軍の艦艇による直接護衛を行なわないとした。ただし、陸軍の補給輸送、患者後送に対しては、所要の護衛を行なうと協定した。ようするに海軍の護衛がない場合もあり、海上連絡路の安全は完璧には保障されていないということだ。

まえにも述べたように、大本営は陸軍部と海軍部が並列していて、それぞれの主張を調整して一本化する機能も、組織もない。あえていえば大元帥たる天皇の意思だけだとなる。そこで具体的な問題で意見が対立すると、大本営は現地協定と称して現場に丸投げするほかない。

昭和十六年十一月八日から東京・青山の陸軍大学校で南方軍と連合艦隊との現地協定の会議が開かれた。会するのは、南方軍総司令官の寺内寿一大将、連合艦隊司令長官の山本五十六大将、南方に向かう第二艦隊司令長官の近藤信竹中将らだった。海軍が示した作戦構想は、真珠湾攻撃を最優先して、南方作戦はこれにあわせるというもので、陸軍もこれに同意して中央協定が成立した。このほか航空、海運、通信の中央協定も結ばれた。これで南方作戦の緒戦における陸海軍の意思統一ができたのだが、連合軍が来攻してきたならば、南方作戦をどうするかについては陸海軍の調整がなされていなかったという。昭和十七年八月、米海兵隊のガダルカナル島上陸以降、終戦までまさにこの点が問題となった。

各正面の進攻作戦について陸軍と海軍の調整はおおむね円滑に進んだが、マレー半島のコタバル上陸についての協議は難航した。そこで、これについては第二五軍司令官の山下奉文中将と南遣艦隊司令長官の小沢治三郎中将との協議にまつということになった。この問題は、丸投げの丸投げという形だ。そもそも考えてみれば、戦争目的は「自存自衛」、そのために南方の資源地帯を制圧して確保するというのだから、そこへの関門となっているシンガポール攻略を第一としなければならないはずだ。その作戦のキーとなる部分で陸軍と海軍の協定が難航するというのだから、先行きが思いやられる。

シンガポール攻略に向かう第二五軍の作戦計画は、タイ領から陸路による進攻に加えて、三正面の合計八ヵ所に上陸し、一〇〇〇キロに及ぶマレー半島を電撃的に克服し、シンガポール要塞に取り付くというものだった。作戦の初動にはずみをつけるためには、最南端ですでにイギリス領のコタバル上陸はどうしても必要だった。陸軍の航空機は足が短いから、一刻も早くコタバルにある飛行場群を奪取して、第三飛行集団を展開させたい。ところが海軍は、そんな敵機の巣のまえで上陸船団の護衛はできない、そもそも敵が厳重に防備している正面の敵前上陸は無理と難色を示したわけだ。

サイゴンで開かれることになった現地協議で、陸海軍双方は自分の主張を通そうと、陸軍は参謀本部第二課の部員だった竹田宮恒徳少佐を、海軍は軍令部員の華頂博信少佐（伏見宮博恭大将の三男）を現地に派遣することにした。皇族の権威まで利用しようということだ。

ここまでする双方の気持ちもわからないでもない。支援にあたる海軍の戦力には、かなり不安があった。サイゴン一帯に展開している海軍の第二二航空戦隊は、陸上攻撃機が主体で、敵機を駆逐して上陸船団を掩護する能力に不安がある。

山下奉文

昭和十六年十一月十五日、山下奉文軍司令官はサイゴンに入った。山下の中将進級は昭和十二年十一月、小沢治三郎は昭和十五年十一月、山下が先任だが、翌日には南遣艦隊司令部を訪問することにしていた。難問のコタバル上陸の支援を依頼するのだから、こちらから足を運ぶのが筋というわけだ。ところが、山下中将がサイゴンに到着したその日のうちに、小沢中将は山下中将の宿舎まで挨拶に出向いた。山下中将はその巨軀に似合わず繊細な人だから、この小沢中将の礼には感激したことだろう。ここにふたりの心がひとつとなった。このようにトップ同士の人間関係が円滑でなければ、統合というマインドが生まれない。

サイゴンでの現地協議がはじまったが、そう簡単に結論がでる問題でもなく、折衝は三日つづいた。それでも双方、トップ同士の良き関係を重んじて話しあいを進めた。最後に小沢治三郎司令長官は、「海軍は喜んで協力いたしましょう。コタバル方面は本官が直接、船団護衛と上陸掩護にあたります」と覚悟のほどを披瀝し、ここに心からの協同作戦が形となった。

もちろん、南遣艦隊側にも計算はあった。イギリスの領土に攻撃を加えれば、それに反応してシンガポールにある英艦隊が出撃してきて、早期に決戦に持ちこめる。また、三正面に同時上陸となれば、最南端のコタバルに敵の関心が集まり、主力のシンゴラ上陸が容易になるとも期待できる。これは計算というよりは、正しい判断だというべきだろう。

ここで、小沢治三郎という提督について語っておく必要がある。とかく陸軍を敵視したり、侮蔑する人を持ちあげる思潮の海軍のなかで、陸軍に好意や理解を示した数すくない提督のひとりが小沢中将だった。海兵三七期で同期の井上成美大将とは好対照だ。彼は宮崎県人としては強気な人とは語られているが、どちらかというと欲のない人といわれる。彼の実兄は都城の歩兵第二三連隊の下士官で日露戦争で戦死している。その中隊長が牛島貞雄中将だった。その縁で小沢中将は牛島中将を師表として仰いでいた。ちなみに牛島中将は、徴兵で入営してから陸士一二期に進み、陸大幹事、校長を務めた学究的な人として知られている。

昭和十七年二月のジャワ島上陸戦でも小沢治三郎司令長官は独断専行し、上陸成功に大きく寄与している。ジャワ島攻略の第一六軍主力を搭載してバンタム湾に向かう輸送船団は五六隻にものぼり、カムラン湾を二月十八日に出発して約一週間の航海を予定していた。この大船団を護衛するのは、軽巡洋艦一隻、駆逐艦九隻からなる第五水雷戦隊だった。この二月の時点では、まだ重巡洋艦二隻を主力とする連合国の艦艇二〇隻ほどがジャワ島海域にあると判断されていた。

このような状況でジャワ島に突っこむのはいかにも危険だ、増援が必要だとしたのは第五水雷戦隊の原顕三郎少将で、どうにかならないかと今村均軍司令官に訴えた。そこで今村軍司令官は、ちょうどカムラン湾にいた小沢治三郎司令長官を訪ね、戦力に余裕があるかどうか確認し、もしあるならば南方軍総司令部を通して護衛の増強を連合艦隊に要請しようということになった。事情を聞くとすぐさま小沢中将は、「今村閣下、南方軍や連合艦隊に要請する必要はありませんよ」といい、重巡洋艦四隻の第七艦隊と第三水雷戦隊の増援を確約した。この上陸作戦の掩護は第三艦隊の任務であって、小沢中将は関係ない。しかし、南遣艦隊司令長官として、最終的な戦略目標のジャワ島まで陸軍部隊を確実に送り届けることに責任を感じ、しかも海兵三七期で同期の原顕三郎の悲鳴も聞き逃せなかったのだろう。

ジャワ島への上陸作戦は、敵艦隊発見の急報があいついだため予定が遅れ、上陸船団がバンタム湾に入ったのは二月二十八日だった。すると、すぐさま連合国の艦艇が船団の泊地を攻撃してきた。これを第七戦隊の重巡洋艦が主力となって反撃して撃退した。もし、小沢治三郎中将の独断専行がなかったならば、第一六軍海没という事態も起きえた。このように見てくると、南方進攻作戦の成功は、その多くが小沢中将によるものといえよう。また、支援される立場をわきまえていた山下奉文中将、今村均中将も評価されるべきだ。このように人と人、腹と腹でやればできるのだから、だれがやってもできるような組織がつくれたはずなのにといぶかしく思う。

◆語られるべき上陸作戦の実態

太平洋戦争の緒戦、大きな成功を収めた上陸作戦だったが、その問題点も指摘しておかなければならない。部隊と資材の揚搭、上陸船団の運航と護衛、泊地の掃海と警戒、上陸用舟艇の運用、海岸堡（ビーチヘッド）の確保、海浜での揚陸作業、内陸部への進攻という一連の流れは、これまであまり検証されなかった。日本軍はポートからビーチ、ショアーへの上陸を世界に先駆けて日清戦争時、統合された形で演じてみせた。世界がこれを見習ったのに、なぜか本家がその運用などに磨きをかけることを怠った。上陸作戦の様相が三次元、より大規模かつ複雑になったからだろう。もちろん主因は、日露戦争以降で顕著となった陸軍と海軍の進む道が大きく異なったことにある。

まずハード面、揚陸艦艇から見てみよう。大艦巨砲主義一直線の海軍は、揚陸艦艇にはほとんど関心がなかった。その一方、陸軍は熱意をもって揚陸艦艇の開発を進めた。今日、各国で使われている上陸用舟艇は、日本陸軍が独自で開発し、昭和四年に完成させた大発（大発動艇）そのものだ。これまた陸軍が設計した神洲丸（龍城）を筆頭に一〇隻建造されたMT船（陸軍特殊船）は、上陸用舟艇が船倉から直接発進でき、かつ軽飛行機まで積載していた。今日のLPD、LSD（ドック型揚陸艦）のコンセプトを先取りしたものだ。そして最後には、「ゆ」号という輸送用の潜水艦まで陸軍が独力で設計、建造してしまうとなると、これをどう評価すべきか迷ってしまう。

揚陸のハードについては世界をリードした日本陸軍だったが、やはり陸上作戦の発想から脱却できず、米軍に遅れをとった面も大きかった。渡洋作戦における海浜、海岸に向けての揚陸とは、外航型の輸送船から兵員、装備、補給品を上陸用舟艇に移して運ぶものという固定観念に支配されていたのが日本陸軍だった。そのため、外航型の輸送船を海浜に擱座させ、重装備までも吐きださせるという発想ができない。ポート、ビーチ、ショアーまでの流れを途切れさせないという発想は、海軍でなければ持ちえないのだろう。

海軍と海兵隊が中心となって揚陸艦艇の開発にあたった米軍は、日本軍の揚陸艦艇を見習いつつ、海洋重視のアプローチをした。そして完成したのが、艦首部に開閉式の扉とランプを取り付け、艦尾部にケッジ・アンカー（艦尾錨）を装備したLST（戦車揚陸艦）やLS

M（中型揚陸艦）だ。擱座する海浜に接近するとケッジ・アンカーを投錨し、海浜に擱座すれば艦首扉を開いてランプ伝いに卸下する。離岸するときはケッジ・アンカーの錨鎖を巻き上げながら後進する。

米軍はこの種の揚陸艦艇を大量投入したから、昭和十九（一九四四）年六月のサイパン上陸のときのように、上陸八時間で砲兵大隊四コ（一〇五ミリ榴弾砲四八門）の揚陸を完了させ、橋頭堡を固めたという離れ業を演じられたのだ。同月のノルマンディー上陸でも、連合軍は揚陸艦艇を大量に投入、それによるハイテンポな上陸にドイツ軍は対応できなかった。日本でも陸軍が同じタイプの機動艇（SS艇、海軍呼称ES艇、約一〇〇〇排水トン）を昭和十八年七月に完成させたが、大量生産にはいたらなかった。

上陸作戦のソフトの主要部分、指揮系統はどうなっていたのか。日本軍の場合、使用する輸送船のほぼすべてが、民間船舶を乗組員ごと徴用したものだった。その運航の全責任は、軍属の身分の徴用船長が負うとされていたが、その実態は複雑だった。米軍のようにポートからビーチの汀線までは、一切の責任を海軍が負い、ビーチで陸軍の揚陸指揮官に指揮権を委譲するという単純明瞭なものではなく、つぎのようなものだった。

乗船している陸軍部隊の指揮、統制は、その部隊の先任者が輸送指揮官となって行なう。また多くの場合、陸軍の船舶輸送司令部から監督将校や連絡将校が派遣されて乗船するが、この任務は明確でない場合が多い。上陸用舟艇の運航は、陸軍の工兵、船舶兵があたる。軍規模の上陸作戦になると、陸軍の揚陸団長が派遣され、輸送船から海岸までのあいだを指揮する。上陸船団の全般的な指揮権は、海軍の護衛部隊の先任指揮官にある。大規模な上陸作戦では、水雷戦隊司令官の海軍少将が全般指揮官になるのが通例だった。

まったく難解な関係で、命令と服従という明快さがない。開戦に先立って大本営の陸軍部と海軍部のあいだで取りかわされた南方作戦陸海軍中央協定にあるように、この関係も「協同」で律せられることとなっていた。事が順調に進展していれば問題はないだろう。しかし、状況が厳しくなると、自分の都合だけで動き、作戦が支離滅裂となりかねない。前述した昭和十五年九月のハイフォン上陸のように、海軍が一方的に護衛を解き、陸軍が裸のまま取り残されるという事態すら起きかねない。また、昭和十七年二月のバンタム湾上陸時、船団泊地に突入してきた連合国の艦隊を撃退したものの、輸送船四隻が被雷して沈没してしまった。オランダ軍の魚雷艇によるものとされているが、どうも護衛にあたっていた水雷戦隊の誤射ではないかとも語られている。これもまた複雑な指揮関係が災いしたといえる。

「モチはモチ屋」といわれるから、より海洋に通じている者が渡洋作戦の全般を指揮するのが常識だ。そうなれば上陸作戦群の司令官から上陸用舟艇の艇長まで海軍の軍人であるべきとなる。ところが海軍の軍人が海洋を知りつくしているというのは、日本では早トチリのようだ。日本人で海洋を熟知しているのは、徴用されて軍属の身分の船員だ。外航船の船長ともなれば、世界の海と海上輸送を知りつくし、船団航行、接岸、洋上仮泊、荒天時の対応など、海軍の軍人など足元にもおよばない技量の持ち主だ。日本の外航船員は、世界でトップの資質の持ち主というのが定評だった。日本海軍は、「月月火水木金金」と猛訓練に明け暮れたと語られている。ところがその訓練に使える燃料は、年間各艦八ノットで二〇昼夜分という時代が長くつづいた。これを五〇昼夜分にするのが精一杯だった。ちなみに、米海軍は七〇昼夜分の燃料を使って訓練を重ねていた。

　太平洋戦争の緒戦、同時多発的に行なわれた上陸作戦は華々しく伝えられた。しかし、その実態は世界の海洋をよく知らない者が旗を振ったためかなり危なかったが、その実態は語られなかった。そのため指揮系統などの問題点を洗い出して教訓にするということもなかった。とにかく素人の思いつきで準備不足、多くの場合、揚陸海浜付近の海図がないとは信じられない話だ。さらに信じられない話だが、海図は軍機だから軍属風情には渡せないと、海図なしの航海を強いた場合すらある。海図がないため水測しながら泊地に進入して行くが、途中で進めなくなる場合もあり、計画が大きく狂う。

　また、上陸正面の正確な潮流や潮汐もわからない。そのため上陸用舟艇が大きく流され、予定した海浜に達着できない。予定していた場所は敵が防備を固めていた、流された場所は無防備だった、「これぞ天佑神助」と悦にいっている。その逆の場合、敵陣地の真ん前に流れ着いてしまい大損害となると、だれもが沈黙を守る。

　そもそも、上陸作戦を展開する海域の気象、海象を熟知している者ならば、十二月初旬には火ぶたをきらない。一月、二月は南シナ海が荒れるから十二月初旬にすべりこんだ、また航空作戦に有利な下弦の月になる、ハワイの日曜日は現地時間で十二月七日などが理由で、陸軍は「ヒノデハヤマガタ」、海軍は「ニイタカヤマノボレ」になったとされている。もちろん、日米交渉の推移が決定的だったろう。なんであれ、季節感のないことは、強く指摘しておきたい。そのため、あわや上陸頓挫という事態になりかけたのだ。

十二月に入れば、南シナ海は凪がつづくことはない。実際、開戦劈頭のマレー半島上陸は大変な困難をともなった。第二五軍の主力が上陸したタイ領のシンゴラでは、第一波の上陸用舟艇一〇〇隻のうち三〇隻が磯波にもまれて転覆した。自重一〇トン、荷重一二トンの大発が、トンボ返りをうって海面に叩きつけられたというからすさまじい。敵前上陸となったコタバルでも風浪に悩まされた。そこに下弦の月がでたため、英軍機が飛来して爆撃、ここに向かった最優秀な輸送船三隻が被弾、「淡路山丸」（九八〇〇総トン）が沈没、これが太平洋戦争中に喪失した船舶の第一号となった。昭和十六年十二月二十二日、第一四軍によるフィリピンのリンガエン湾上陸も海象に妨げられた。揚陸作業が遅れたため夜が明けてしまい、米軍機の攻撃を受けて「巴洋丸」（五四〇〇総トン）を失った。

おなじような状況で大変な目に遭ったのが、第四艦隊独力で行なったウェーク島攻略だった。昭和十六年十二月十日、波浪のため夜間に上陸用舟艇を海面に降ろすことができず、天明後の強襲上陸となってしまった。そこに砲撃、空襲が加えられ、駆逐艦「疾風」と「如月」が撃沈された。このためいったん後退し、態勢を立て直して二十二日に攻撃を再興したものの、四メートルの高波に妨げられ、上陸用舟艇が降ろせない。そこで哨戒艇二隻を擱座させて、ようやくウェーク島に取りつくことができた。このウェーク島の戦例だけからすれば、陸軍の丁工兵（上陸作業、のちの船舶兵）と徴用船員のコンビの方が上陸作業は練達していたといえる。それが陸軍がなにからなにまで抱えこむひとつの理由だった。

◆船舶を巡る深刻な陸海軍の対立

太平洋戦争の開戦時、日本が保有する一般船舶の船腹量は五九八万総トン（一〇〇〇総トン以上の外航船。なお一総トンは一〇〇立方フィート＝二・八三立方メートル）で、外航が可能な小型船舶などを加えれば六三八万四〇〇〇総トンだったとされる。これはイギリス（一八〇〇万総トン）、アメリカ（一二〇〇万総トン）につぐ世界第三位の商船隊だった。これを乗組員ごと徴用し、陸軍向けのA船、海軍向けのB船、民需向けのC船と区別した。その区分けについては［表14］に示した。なおA船のうち六〇万総トンは大陸戦線向けとされていた。

徴用船舶のうち軍隊輸送船にあてられるものは、瀬戸内海一帯に集められて改装された。この艤装工事は昭和十六年十月初旬からはじめられていたから、この時点でもうあともどりはむずかしくなっていた。艤装工事は、各船一週間ほどで完了したが、これがなかなか大変だった。まずドックに入れてカキ殻落とし、機関の整備、清水タンクの増設、居住区の設置だ。また、マストの切りさげ、船体は迷彩塗装された。輸送船一隻で兵員二〇〇〇人から三〇〇〇人を輸送するのだから、一坪に七人入るカイコ棚を船倉内に組み立てる。烹炊所の大増設も必要だが、それ以上に切実なのがトイレだ。新たにパイプ工事をしている時間もないから、上甲板に長屋状の木造トイレを並べるほかなかった。だから戦時歌謡で「嗚呼堂々の

［表14］ **保有汽船船腹推移状況**

	A船	B船	C船	合 計
16年12月 1日現在	511隻 206.46万総トン	700隻 194.54万総トン	1,525隻 237.40万総トン	2,736隻 638.40万総トン
17年12月 1日現在	349隻 126.40万総トン	640隻 173.89万総トン	1,741隻 310.88万総トン	2,730隻 611.17万総トン
18年12月 1日現在	379隻 118.62万総トン	611隻 152.68万総トン	1,634隻 205.66万総トン	2,614隻 474.96万総トン
19年7月 1日現在	289隻 83.74万総トン	478隻 93.37万総トン	1,901隻 198.39万総トン	2,668隻 375.50万総トン
20年6月 1日現在	107隻 22.80万総トン	304隻 43.03万総トン	1,720隻 173.33万総トン	2,131隻 239.58万総トン
20年8月	1,099隻	156.13万総トン		

*昭和20年8月はABC船の区別なく海運総監部で一括管理
*運輸省統計

輸送船」と歌われながら、上甲板や船体の鮮明な写真がほとんど残されていない。

さて、南方資源地帯の制圧が一段落すれば、つぎは戦争目的「自存自衛」体制の構築となる。陸軍の部隊が南方各地に展開を完了した時点で、A船を一〇〇万総トンまで減らし、一〇〇万総トンをC船にまわす計画だった。企画院の試算によれば、C船を三〇〇万総トン確保すれば、成長率ゼロながら昭和十五年度の生産活動は維持できるとしていた。もしC船の船腹量が半分の一五〇万総トンまで落ちこんだとすれば、昭和十五年度比でコメと鋼材原料の八割、石炭や塩、各種鉱石類などは四割まで確保できるが、そのほかの輸入品はほぼゼロになると試算された。海軍は戦争の全期間中、B船一八〇万総トンを維持しなければ、連合艦隊が動けないとした。そんな海軍の姿勢に、陸軍、海軍、政府のあいだの確執の種が隠されていた。

もちろん、戦時中とはいっても新造船が加わる。昭和十六年度、日本の造船量は四〇万総トン、産業動員をすれば年間六〇万総トンは可能とされていた。しかし、それはC船三〇〇万総トンが確保されての話だ。C船が減れば、鋼材の原料とエネルギーの減少となり、それはすぐさま造船量に影響する。そして造船量の減少は、C船の減少につながるという当局が嘆いた「循環的矛盾」、悪循環に陥る。それを知りながら海軍は、B船一八〇万総トンを死守する姿勢を崩さないから、問題はより深刻化する。

船舶の建造実績だが、昭和十六年十二月から二十年八月まで五〇〇総トン以上、一一二七隻、約三三〇万総トンという数字が残っている。その多くが一重底、速力一三ノットという戦時の急造船、いわゆる「戦標船」（戦時標準船）だが、企画院の予測が年間建造量六〇万総トンだったのだから、日本造船界は大健闘だった。水をさすようだが、アメリカの実績も紹介するのが公平というものだろう。アメリカはほぼ同じ期間、輸送船五三八〇隻、五四七〇万総トン建造とされている。この主力は一万総トンで二重底のリバティー型で、キールをすえてから七週間で完成したという。このほかに二八〇〇万排水トンの諸艦艇を送りだしている。

戦争をする以上、戦闘艦艇以上に一般船舶の損耗は避けられない。これを見積もるのは軍令部、大本営海軍部だが、戦争第一年目は八〇万総トンとしたものの、それ以降の見積もりをだし渋った。この八〇万総トンという数字も、戦場で運航するA船とB船あわせて四〇〇万総トンも動けば、二割くらいは損耗するだろうという腰だめの数字だったようだ。第二年目、第三年目はどうかとせっつかれて海軍が出した数字は、六〇万総トン、七〇万総トンとした。この数字も根拠が示されなかった。

継戦能力そのものを決定するこの船舶損耗予想は、まったくはずれて［表15］のようになった。なにが起きるかわからないのが戦争だから、予想がはずれるのは仕方がないにしろ、ケタがちがうのだから文句のひとつも口にしたくなる。海洋のプロを自任し、しかも海上護衛の責任を負う海軍が、こんな見当ちがいの見積もりをするようでは、陸軍との溝を深くするばかりだ。

［表15］ **日本船舶喪失量**（100総トン以上）

期間（昭和）	隻数／合計総トン数
16年12月～17年6月	100隻／　411,282総トン
17年7月～17年12月	136隻／　621,804総トン
18年1月～18年6月	177隻／　727,482総トン
18年7月～18年12月	286隻／1,040,142総トン
19年1月～19年6月	483隻／1,768,536総トン
19年7月～19年12月	595隻／2,054,949総トン
20年1月～20年8月	791隻／1,809,194総トン
合　計	2,568隻／8,433,389総トン

*船舶連合会統計

ともあれ、昭和十七年八月にガダルカナル攻防戦がはじまるまでは、陸海軍ともに割り当てられた船腹量でそれなりに満足していたようだ。しかし、政府と海軍のあいだに火種があった。タンカーの問題だ。開戦時、日本が保有していた外航タンカーは四九隻、四四万総トンだった。現在、日本船籍のタンカーは三三〇万総トンといわれるから、まさに隔世の感だ。この四四万総トンのうち八万総トンは海軍の特務油槽艦、残る三六万総トンの民間タンカーをA船六万総トン、B船二七万総トン、C船三万総トンとわけあって太平洋戦争に突入した。

日本が虎の子としていた一万総トン（載貨重量一万五〇

〇〇トン）級、一八ノットで艦隊に随伴できるタンカー七隻を投入、これによる洋上給油によってはじめて真珠湾奇襲が可能になった。ちなみに、あれほど偶数、できれば八隻にこだわる海軍が随伴タンカー七隻とは不思議になる。計画では徴用八隻だったが、いざ出陣となって調べて見ると、一隻の蛇管の口金が海軍のものとサイズがちがってつなげられないことがわかり、改修する時間がないので、タンカー七隻で出撃となった。そんなエピソードはともかく、太平洋の西半分が戦場となったいま、機動艦隊に随伴して給油できるタンカーは海軍にとって不可欠となった。そのため海軍は最優良なB船高速タンカー二七万総トンは手放せない。

その一方で、戦争目的の「自存自衛」を実現させるための柱、南方産油の内地還送計画がある。太平洋戦争とは、石油を巡る衝突と総括されている。それについての日本の需給計画は、じつに危ない綱渡りだった。これについては、さまざまな数字をあげて論じられているが、ここでは開戦直前、企画院が説明した数字をもとにする。

開戦時の国内貯油量は、海軍、民間、陸軍をあわせて八四〇万キロリットルだった（一キロリットル＝六・二九バレル＝平均〇・八五トン）。艦艇の燃料となる重油を主とする海軍の貯油量が最大で七〇〇万キロリットルに達していた。昭和十五年度の経済水準を維持するには、民需が年間一四〇万キロリットル必要とする。これに軍需所要が加わると、戦争第一年目に五二〇万キロリットル、戦争第二年目に五〇〇万キロリットル、戦争第三年目に四七五万キロリットルの石油が必要と見積もられた。今日の日本は、年間およそ二億五〇〇〇万キロリットルもの石油を消費している。現在の一週間分が当時の一年分ということになる。

　戦時になっても確実に入手できる国産原油は、せいぜい年間三〇万キロリットルだったから、すぐに貯油は食いつぶしてしまう。そこで重大な問題となるのが、スマトラやボルネオで産出する石油の内地還送だ。それに期待する量は、戦争第一年目に三〇万キロリットル、戦争第二年目に二〇〇万キロリットル、戦争第三年目に四五〇万キロリットル、これで五〇〇万キロリットルの予備をふくんでようやく需給のバランスがとれるとした。

　占領したパレンバンやバリクパパンなどの採油、精油の施設が復旧するには時間がかかるだろうから、戦争第一年目の現地取得量は六〇万キロリットル、内地への還送量は三〇万キロリットルほどだろうから、C船タンカーが三万総トンでも対応できると考えられていた。

ところが嬉しい誤算とでもいうか、占領した石油関連施設はすぐに復旧され、現地での取得量は年間一七〇〇万キロリットルも見こまれることとなった。だが、それを内地に還送する輸送力がない。産油地帯を制圧してから三ヵ月、早くも現地の貯油タンクは満杯となり、石油を燃やすか、川に流すしかないとなった。石油を手に入れるために戦争をはじめたのに、この始末はなんだと現地を管理している南方軍の寺内寿一総司令官が激高するのも無理はない。

　この問題を解決するのは簡単だ。C船タンカーを増やせばよいだけのことだ。では、どうやって増やすのか、そこが問題だった。海軍が徴用しているB船の優良な高速タンカーを投入すればよい。まだ海上護衛戦の態勢が整っていなかったが、一八ノットの優速を維持できれば米潜水艦に捕捉されても、追跡はされない。これをシンガポール（昭南）付近、石油施設があるブクム島と門司をむすぶ直行航路に投入すればすむ話だ。本来ならば、海軍所属の特務油槽船を使う場面かもしれない。

ところが海軍は、優良タンカーを手放そうとはしない。これは昭和十七年五月初旬の話だから、海軍は第二段作戦を実行に移し、ミッドウェー、アリューシャン、さらには日本本土から五五〇〇カイリも離れているニューカレドニアの占領まで企図していた。艦隊に随伴するタンカーの所要は多くなり、C船に回すなど論外ということになる。そこでA船のタンカーをC船に回すといっても、A船のタンカーは六万総トンしかない。

そこで期待するのが新造タンカーだ。ところが戦前、このような事態を想定していなかったので、タンカーの建造はすすまず、昭和十六年十二月から翌十七年十二月までに新造されたタンカーは八隻、二万総トンにすぎなかった。ちなみに戦争中のタンカー建造量は、一万総トンで一三ノットの2TL型三〇隻、三〇〇〇総トンで九・五ノットの2TM型三七隻を中心に二九四隻、九八万六〇〇〇総トンだった。

タンカーの割譲に渋りつづけた海軍だったが、石油を内地に入れなければ継戦能力そのものが失われることは承知している。そこで海軍省が軍令部を説得するという形で話がまとまった。それも狡猾な話で、どうも計画よりも多くB船を徴用しているようなので、それをC船にまわしてもいいということだった。余分に徴用したものをもどすことは、譲ったことにはならないはずだが、海軍にとっては大きな妥協なのだ。

B船の徴用を解いてC船のタンカーに回してくれるのは、日本で最大級の民間船で一万九

[表16]　**液体燃料生産実績**

昭　和	在庫使用	国内生産	軍支援	還送油	製品換算合計
16年度	61.1万kl	23.7万kl	23.7万kl	0	85.6万kl
17年度	39.2万kl	46.9万kl	61.2万kl	54.0万kl	178.7万kl
18年度	8.3万kl	39.3万kl	0	115.1万kl	139.3万kl
19年度	4.7万kl	48.1万kl	0.2万kl	87.7万kl	87.7万kl
20年度	0	19.0万kl	0	0	15.9万kl

*昭和20年度は第1四半期
*商工省統計

〇〇〇総トンの捕鯨母船の「第二図南丸」と「第三図南丸」だ。この二隻は鯨油タンクを石油タンクにした改造タンカーで、一三ノットだから、艦隊に随伴するには苦しいので返すということでもある。では、いつB船の徴用を解くかというと、海軍は昭和十七年七月以降というだけで、日時を確約しようとしない。これでは海運全般の計画が立てようがない。そして両船ともB船のまま、「第三図南丸」は昭和十九年二月のトラック大空襲で、「第二図南丸」は同年八月に舟山列島付近で雷撃されて沈没した。

米海軍は日本のアキレス腱をよく承知しており、潜水艦の最優先目標はタンカーとしていた。そして海軍の非協力的な態度が加わって、還送油は[表16]のように実績二一八・二万キロリットルと計画を大きく下回った。それだけでも日本の敗北は不可避だった。

このタンカーの問題だけでも、「海軍悪玉論」が立証されるのだが、陸軍も早くから船舶の争奪戦に加わっていた。陸軍は昭和十七年七月以降、A船を一〇〇万総トンに縮減すると公約していた。ところが昭和十七年三月、ビルマ方面の作戦を進めるためには二〇万総トンの船腹量が必要となるので、A船一二〇万総トンを求めた。当初、ビルマ進攻は計画されていなかったが、戦争目的のひとつ、援蒋ルートを完全に遮断するにはビルマ制圧をしなければならないとなる。また、ビルマはタングステンやニッケルなどレアメタルを産出し、小規模ながら油田もあるとなると食指が動く。

当時の試算によると、C船から二〇万総トン引き抜くと、年間で鉄鋼二五万トン、アルミニウム七〇〇〇トン、石炭七五万トン、その他四〇万トンの減産をもたらすとされていた。零戦一機の本体は一・六トンだから、船舶の減少がもたらす深刻さはよく理解できる。戦闘機が減ってエア・カバーが薄くなれば輸送船の損害が増大し、それはまた戦闘機の生産減少を招くという悪循環がここにもある。それを承知のうえで陸軍は、機帆船などの小型船舶も動員して二〇万総トンのつじつまを合わせることで了承をえて、ビルマ進攻作戦は実施のはこびとなった。

このように緒戦の大勝利に沸き立つなかで、すでに船舶の争奪戦がはじまっていたのだ。それでも一応は陸海軍のあいだに互助の心があり、戦力造成や継戦能力の強化には協力しなければという姿勢は示していた。開戦から六ヵ月間の船舶喪失累計は三八万総トンほどで、戦争第一年目の損耗予想八〇万総トンに収まっていたから、心の余裕もあったのだろう。ところが昭和十七年八月からガダルカナル戦がはじまると、互助の心はもちろん、体面までかなぐり捨てて、C船にむらがってむさぼることとなった。

その結果、哀れにもC船は昭和十七年九月実績の二三三万総トンをピークに減少の一途をたどった。昭和十八年十月には、早くも国力維持のデッドラインと見られていたC船一五〇万総トンを割りこんでしまった。とにかく目標としていたC船三〇〇万トン態勢を達成したことは一ヵ月としてなかったのだ。ただ、五〇〇総トン以下や機帆船まで計算に入れると、昭和十七年十二月は三〇〇万総トンを超えたといわれる。

C船の急激な衰退は、陸軍と海軍のむしりあい以上に、敵潜水艦による海上連絡路への攻撃が原因だった。最終的な船舶喪失原因の第一位は潜水艦による雷撃で、隻数でほぼ五〇パーセント、総トン数で約六〇パーセントだった。これではいけないと、輸送船団を一元的に護衛するため昭和十七年十一月に海上護衛総司令部が新設された。さらに翌十八年四月に軍令部は連合艦隊、支那艦隊、横須賀、呉、佐世保の各鎮守府に対して、船団の海上護衛・貫護送を指示した。時宜をえた施策だった。

ところが、肝心のハードがない。丙型と丁型の海防艦の一号艦が竣工したのは昭和十九年二月末、丁型駆逐艦の一号艦「松」が竣工したのは同年四月だった。満足なレーダーも、ソナーもなく、潜没している潜水艦を攻撃する手段は、艦尾から落とす爆雷と体当たりの衝撃だけ、ヘッジ・ホッグのような前投兵器はない。これでは、いくら組織を造っても有効な対応策はとれない。

陸軍としてできることは、船舶砲兵隊を輸送船に搭乗させて、対空、対潜の自衛をすることぐらいで、あとはすべて海軍に期待するほかない。ところが、緒戦の進攻作戦のときから見え隠れしていた海軍の姿勢は、輸送船を消耗品扱いするとまではいわないにしろ、敵艦隊との戦闘を最優先し、輸送船の護衛を次等におくというものだった。これは敵艦隊と敵機との交戦場面が増えるにつれて顕著となった。「敵空母見ユトノ警報ニ接シ」と護衛している艦艇が突然、輸送船団を見捨てていずこかに転進してしまうことが起きるようになった。それどころか、輸送船団をエサに敵艦隊を誘いだそうとまでするとなると、陸軍としては海軍に不信感をいだかざるをえない。

そしてとどめは、昭和十九年二月のトラック大空襲だ。B24爆撃機が一機、トラック環礁上空に飛来するや、それ奇襲されるぞと連合艦隊主力は、パラオや横須賀に遁走してしまう。トラック環礁には、大輸送船団が取り残された。奇襲されるぞと騒いでおきながら、奇襲されるとは妙な話だが、そうなってしまった。航空機搭乗員はそろって外出中、ある提督は釣りをしていた二月十七日の木曜日、米第五八機動部隊がトラック環礁を痛打した。二日間にわたる爆撃、砲撃によってA船四隻、B船二八隻、合計一九万九〇〇〇総トンが失われた。しかも、トラック防備にあたる第五二師団を輸送していた辰羽丸（五八〇〇総トン）と暁天丸（六九〇〇総トン）がトラック付近で撃沈され、七〇〇人が海没するとなると、陸軍の海軍に対する信頼感は地に墜ちても無理もない。

昭和十九年、平均すると毎日三隻、一万総トンの船舶を喪失していた。この状況を怪訝な目で見ていたのはなんと米軍だった。サミュエル・モリソンの『太平洋海戦史』によれば、「日本の戦争指導者たちが、防衛的な戦争という事実に直面することを拒否したと推測する以外に説明のしようがない」と評している。米軍側の評価はさておき、「モチはモチ屋」と海洋のことは海軍にまかしていたのだが、すくなくとも海上護衛戦では「モチ屋」ではなかったことが明らかになった。

とてつもなく高い授業料を払ってえた結論は、「A船、B船、C船の区分をやめて一元運営する」という至極当然なものだった。本土決戦準備の一環として昭和二十年四月十九日、最高戦争指導会議で「国家船舶及び港湾一元運営実施要綱」が決定し、大本営のなかに海運総監部が設置されることとなった。これに関する陸海軍中央協定では、陸軍の船舶司令官は海運地方実行機関を指揮し、海軍は船舶の修理を担当することとなった。もう艦艇もなくなり、舞台は内海だから、海軍が裏方になるのも当然だが、それにしても海軍がよく受け入れたものだ。

昭和二十年五月一日、海運総監部が発足した。海運総監は野村直邦海軍大将、参謀長は磯矢伍郎陸軍中将だったが、トップの地位を占めれば海軍も納得するということだ。この態勢が動きだすのは六月に入ってからで、このころになるとA船二三万総トン、B船四三万総トン、C船一七三万トンで、これを一元運営することになった。ここまでやせ細ったうえに、関門一帯から各地の重要港湾は空中敷設の沈底機雷で封鎖されて、どうにも動きがとれなくなっていた。その点からも本土決戦は無理だった。

◆自前、平等にこだわる体質

船舶の争奪戦を見てきたが、これを利己主義、セクショナリズムの所業といってしまえば簡単だ。しかし、見方を変えれば旺盛な責任感の現われといえなくもない。これだけのタンカーがなければ艦隊は動けないから要求する、どこが悪いかということだ。足りないならば、どこからか融通するのが政府の仕事だろうと、軍部は高飛車にでる。船舶などを回してくれないと、作戦のじゃまをする気なのか、統帥権をなんと心得ると感情的になる。

作戦となると、陸海軍ともに自己完結していないと安心していられない。なんでも自前でやりたい、当てにならない他人の世話にならないということだ。日本の軍人は陛下の股肱とプライドが高いからか、それとも日本人の民族性なのか、人に頭をさげると己を貶めるように感じてしまうようだ。総力戦なのだから、それではいけないと理屈では理解していても、感情がそれを許さないから厄介だ。その典型的な例を機関銃や機関砲で形として見ることができる。

日本軍を見るまえに、米軍の機関銃、機関砲を見ておこう。米軍の地上用の機関銃は重機、軽機とも小銃と同じく口径30（七・六二ミリ）のブローニングで統一され、弾薬も30－06スプリングフィールドの共用だ。地上用と航空機用の重銃身の機関銃は、口径50（一二・七ミリ）のブローニングだ。航空機用と艦載用の機関砲は二〇ミリのイスパノ・スイザ、地上用と艦載用の四〇ミリ機関砲はボフォースで統一されている。これらの生産には、工廠や銃器メーカーだけでなく、自動車メーカーから事務機器メーカーまでが加わっていたが、四〇ミリ機関砲の一部を除いて完全互換性を備えていた。日本でも工場ごとの完全互換性はあったが、全部というわけにはいかなかった。

この米軍の簡潔な武器体系に対して、日本軍のそれは複雑怪奇なものだった。地上用の機関銃は小銃と同じく口径七・七ミリ、重機、軽機ともにホッチキス系だった。弾薬はというと、これがパズルだ。九九式小銃、九九式軽機関銃、九二式重機関銃、一式重機関銃という武器体系だが、排莢不良を覚悟すれば小銃、軽機関銃の弾薬を九二式で使えないことはない。しかし九二式の弾薬はこれ専用、ほかには使えない。そこに保管装備の口径六・五ミリの銃器があるのだから、どうやって弾薬の補給を管理していたのか不思議になる。

航空機用の機関銃は、陸海軍ともに口径七・七ミリのビッカース系だ。それならば弾薬は共通かと思えば、そうではない。陸軍はなぜか薬莢の形状を変えたため陸海の共用性は失われた。その上のレベルの航空機用機関銃は、陸軍は口径一二・七ミリのブローニング系、海軍は口径一三・二ミリのラインメタル系だ。機関砲はともに口径二〇ミリだが、海軍はエリコン系、陸軍はモーゼル系とブローニング系のスケールアップだ。もちろん口径はおなじでも、弾薬の共用性はない。

昭和十五年から開発が進められていた三式戦闘機「飛燕」には、陸軍としてはじめて二〇ミリ機関砲を搭載することとなった。選定されたのは、世界的なブランド、モーゼルのマーク151機関砲だった。ドイツから潜水艦で八〇〇梃が急送されたものを搭載した「飛燕」が昭和十八年八月から登場した。機関砲はすぐにもライセンス生産ができると思われていたが、冶金技術と工作の精度が追いつかない。結局、輸入の八〇〇梃、搭載機四〇〇機で打ち止めとなり、それ以降はブローニング系のスケールアップでしのぐこととなった。

どうしても炸裂弾を発射できる口径二〇ミリの機関砲が欲しいのならば、昭和十二年から国内でライセンス生産しているエリコン社のものがある。その性能は零戦に搭載されて実戦で証明されているし、生産技術も習得済みだ。そしてなにより、弾薬と部品が陸海軍共用となる。ところが陸軍はモーゼルのブランドにこだわるし、そもそもは「海軍に頭をさげて譲ってもらうのがいやだ」という意識だ。譲渡や共同生産の協議もなされなかったようだ。もしそういう話が陸軍からあっても、海軍は生産施設に余裕がない、ライセンス契約の問題があるなどとあれこれ理由をつけて断わったことだろう。とにかく、「譲ってもらうものか」「譲ってやるものか」とすぐ感情的になるのだから、手のつけようがない。

機関砲ひとつとっても、このありさまだ。あくまで自前にこだわり、入手できる最良のものに集中し、生産効率を向上させようという発想そのものがない。陸海軍ともに戦いの原則の一項で「集中」を強調していたが、軍需生産はまたべつな話としていたようだ。とにかく陸海軍平等、なんでも均等だから、パワーは常に二分され、それでなくとも大きな物量の差が絶望的な格差となってしまう。

なにかにつけても平等だから、奇妙な話はいくらでもある。戦車というものは陸軍のテリトリーのはずだ。昭和十八年度、日本は二億六八〇〇万円を投じて、中・軽戦車七八〇両など戦闘車両を生産した。ここにおいても海軍は、陸軍との平等を求める。とくに大発一隻に一両がおさまる九五式軽戦車にご執心で、この年度に生産された九五式軽戦車の半分ほどが海軍向けだったようだ。海軍がどこで戦車を使うかだが、島嶼にある飛行場防衛のためだ。では、敵空挺部隊が島嶼の航空基地に攻撃してきた場合、この戦車で殲滅させるということだ。

どこで訓練していたかと思えば、多くは宮城県の王城寺原だったそうだ。

太平洋戦争開戦時、陸軍の兵員数は二一〇万人、海軍は三二万人だった。海軍はこの世帯でタンカーを除くB船一五三万総トンをなにに使っていたのだろうか。トラック、パラオ、サイパン、ラバウルなど艦隊の根拠地に潤沢な補給をしていたのだ。給養面で陸軍とのバランスという問題はあるにせよ、それ自体に問題はない。この補給力を使ってトラックやラバウルに純日本式の料亭を建て、青畳の上で連日の宴会も、それが海軍の伝統だから、部外者があれこれいっても意味がない。

もちろん、その補給力は島嶼防衛に活用された。タラワなど海軍が主体となって防衛した島嶼には、今日なお鉄筋コンクリート製のトーチカや砲台が残っているそうだ。陸軍が主体となって防備した島嶼には、そのような重厚な防御施設はごくまれという。それ自体は結構なことにせよ、問題は築城にあたって陸軍の専門家の意見に海軍は耳を傾けないことだった。海軍は艦艇の意識のまま、島嶼を不沈艦ととらえ、堂々と砲塔を構える感覚で防御施設を構築する。陸の砲塔から敵艦隊が見えるということは、敵もこちらの砲塔の正確な位置がわかるということだ。戦艦の主砲で砲撃されたならば、どんな堅固な構造物でも破壊されることを知っているはずなのに、海軍は直接照準の平射砲を備えた砲台を構築して敵艦撃滅を追求する。その結果は、各島嶼の玉砕だった。

航空に関する海軍の根拠なき優越感には、救いがたいものがあった。陸軍の航空は、鉄道を見ながら飛ぶそうだが、トンネルになったらどうするのかと笑う。洋上を飛べない飛行機など、太平洋の戦いでは使えないという。海軍機でも機位を失って未帰還となったものは多いし、完璧な洋上航法を体得しているのは、飛行艇と水上偵察機の搭乗員ぐらいだろう。そして、まず航空機の生産資材を陸軍と均等に確保しておき、洋上作戦ができないからと陸軍の割りあて分に触手を伸ばす。

太平洋戦争中の日本の航空機生産量は［表17］のとおりで、陸軍向けが三万二五〇〇機、海軍向けが三万三〇〇機とされる。多少だが海軍機の方が大型機が多かったから、配当されるアルミニウムはほぼ同量だった。戦時中の日本のアルミニウム生産量は、外地生産をふくむ実績で、昭和十六年度七万三〇〇〇トン、十七年度一〇万七〇〇〇トン、十八年度一四万五〇〇〇トン、十九年度一一万二〇〇〇トン、二十年度第一四半期六〇〇〇トンだった。

［表17］ **太平洋戦争中の航空機生産実績**

	1月～6月	7月～12月	合計
16年		550機（12月）	550機
17年	4,000機	4,154機	8,154機
18年	6,710機	7,490機	14,200機
19年	14,053機	15,167機	29.220機
20年	9,997機	1,003機（7月）	11,000機

*総計 63,124機、概数を含む
*商工省統計

昭和十九年度、計画ではアルミニウム二一万五〇〇〇トンに達するとされ、海軍はこれに目をつけて配分量の増加をもとめた。

ギルバート諸島のマキン、タラワで海軍の守備隊が玉砕したのは昭和十八年十一月、いよいよ中部太平洋での決戦かとなった。そこで軍令部は、昭和十九年度の航空機割り当て数を海軍一〇対陸軍五とし、主要物資は海軍一〇対陸軍七との案を内閣、陸軍に示した。洋上作戦のできない陸軍機があっても戦力にならないから、それを海軍にまわせというわけだ。これは事務レベルで決定できる問題ではなく、昭和十九年二月十日に陸海軍首脳会議が開かれた。この時点ですでに、マーシャル諸島のクェゼリンとルオットの守備隊が玉砕しているから、会議の切迫した雰囲気が想像できる。

洋上作戦ができないと決めつけられた陸軍にもいいぶんはある。海軍は長年にわたって敵がマーシャル諸島の線にでてきたら戦機だといっていたのに、実際に来攻してきたのに手も出さないで、守備隊を見殺しにするとは、どういうことだというわけだ。そんなときに陸軍航空に難癖をつけて、資材をねだるとは不謹慎だと非難する。それでも陸軍側はアルミニウム三五〇〇トンを海軍に譲った。これで増減七〇〇〇トンの差が生まれて海軍は納得した。当初、陸軍の二倍なければと強硬だった海軍も、陸軍よりも多ければ部内も収まるということだ。

そして、この会議の一週間後にトラック大空襲があり、海軍は二七〇機を失ったばかりか、トラック環礁は基地としての機能そのものを喪失した。それまで首相の東條英機は現役の陸軍大将であったため、陸軍寄りの発言をひかえ、海軍の面子をたててきたのだから怒るのも無理からぬことだった。

◆共有されなかった情報

鋼材の配分については、［表13］で示したように、昭和十七年度から海軍優位で推移した。海軍は艦艇を建造しなければならないから当然のことで、陸軍も納得していた。また、軍需よりも民需が重要なことは広く認識されていた。民需には官庁需要も含まれるが、より重要なのは生産力拡充のための資源投入だ。航空機二五〇〇機増産のための施設拡充には、普通鋼鋼材二二万トンが必要と試算されていた。引き込み線、構内線、さらに港湾との連絡のため鉄道を敷設するとなると、単線一〇〇キロで一万トンの鋼材が必要となる。

陸軍、海軍ともに鋼材については、配分量に納得しなければならなかった。ところがミッドウェー海戦から数ヵ月、昭和十七年秋から海軍が要求する鋼材、とくに特殊鋼鋼材が急増した。昭和十七年度の特殊鋼鋼材の生産量は五四万トンだったから、一万トンでもすぐ目立つ。いぶかしく思った軍需関係に携わる陸軍の関係者がなにに使うのかと海軍に尋ねると、「戦勢を一挙に挽回する秘密兵器を造っている」とのこと。秘密兵器といわれると興味がわくのが人間だから、「こんなに特殊鋼を使う秘密兵器とはなんだ」、それに対する答えがふるっている。「ですから……秘密です」。

じつは海軍は、開戦直後に横須賀で建造していた戦艦「信濃」の工事を中止していたが、ミッドウェー海戦の敗北で急ぎ空母に改装中だったのだ。八〇〇キロ爆弾の水平爆撃、五〇〇キロ爆弾の急降下爆撃に耐えられるよう、飛行甲板に七五ミリ厚の装甲を張るという。それだけで五七〇〇トンもの特殊鋼が必要になる。そして空母「信濃」は昭和十九年十一月、米潜水艦の攻撃で沈没した。陸軍の関係者もこれをもれ聞いて、秘密兵器とはこの空母かと納得したという。正直に話してくれれば、譲れるところは譲ったものにと思ったそうだが、これでは陸海軍の統合どころか、いらぬ確執を生むのも無理からぬことだ。

空母「信濃」の話に限らず、日本軍にはとにかく秘密が多い。作成した書類に赤く「軍事機密」とハンコを押すと、とてつもない仕事をしたとの充実感がえられるのだろう。また、そのような書類に接すると、自分の権威が増したような気分にしてくれる。「俺だけが知っている」との優越感は、それを人に話すことで倍増する。だから秘密はすぐに秘密ではなくなるのがこの日本だ。

個人のあいだとは反対に組織対組織となると、重大な問題をオープンに話しあって情報を共有しようとしないのもこの日本だ。その典型的な例としてよく取りあげられるのが、昭和十七年六月のミッドウェー海戦と同年八月からのガダルカナル攻防戦だ。

ミッドウェー海戦の大敗は厳重に秘匿され、大本営の陸軍部にもかなりたってから伝えられ、海軍の中枢部にいた人でも敗戦後に知ったという話すら伝えられている。これは大筋で正しいにせよ、裏の事情はもうすこしこみいっている。陸軍でも多くの部署で海外放送を聞いているから、海戦の二日目、六月六日には「これは負けたな」と判断できる。そこで、すぐさまＦＳ（フィジー、サモア）作戦中止の措置を講じだす。海軍側も海外放送を聞いている者には隠しようがないと観念するだろう。また、陸軍から一木支隊をだしてもらっている仁義上、参謀本部の第二課にはミッドウェー上陸中止とすぐに通報しなければおかしい。これで空母四隻喪失まではわからなくとも、大敗を喫したと判断できる。

さて、問題はそれからだ。海軍側は「軍機扱いで願います」といって陸軍側に伝えただろう。こういわれた参謀本部の第二課は、昔からモンロー主義と称されたように、よその部署とはつきあわない体質がある。それもあって、ミッドウェー海戦の事実を大本営第一五課（戦争指導課）にすら伝えなかったことはありうる。とはいうものの、これは建前の話だ。ある程度の地位にある者ならば、海外放送で概略は承知しているから、ごく簡単な情報の補足で全体像を組み立てることができる。同期や以前の上司と部下という関係などを使って、「おい、教えろ」と迫られれば、第二課の部員でも「秘密ですよ、じつはですね……」と得意になって話しだす。人の口には戸を立てられないものなのだ。するとこれがすぐにも軍令部に伝わる。「あれほど秘密にしておいてくれといったのに……」と陸軍に不信感をいだく。この逆のケースもよくあったにちがいない。

ガダルカナル攻防戦の発端にも、陸海軍のあいだで問題があった。米軍上陸の第一報が大本営陸軍部に入ったとき、ほとんどの者にとってはじめて耳にする地名だったといわれている。海軍がどこにも知らせず、そんなところに飛行場を造成するから敵を吸い寄せ、反攻の拠点になってしまったというのが陸軍の言い分のようだ。これは言い訳がましい。たとえ大本営海軍部が陸軍部に通報していなかったとしても、ソロモン諸島南西部まで海軍部隊が進出していることを知る機会はいくらでもあり、少なくとも現地の軍、艦隊レベルでは、それに関する情報は共有していた。

陸軍の関心はニューギニアに向けられ、ソロモン諸島をあまり警戒していなかったにせよ、その中心地はツラギであることは承知していた。そこの海図、地図を見れば、対岸に大きな島がガダルカナルだとすぐわかる。昭和十七年五月初頭、海軍陸戦隊がツラギを占領したことは周知のことで、そこが南東正面の最前線であることも広く承知されていた。だからガダルカナル島と聞けば、陸軍も「ホイ、あそこか」となるはずで、知らなかったというならば、それは無関心の所産、職務怠慢ということになる。

日本軍のツラギ占領から、米軍のガダルカナル上陸までを追ってみよう。

五月三日、呉の第三特別陸戦隊がツラギ占領

五月八日、サンゴ海海戦の結果、海路によるMO作戦（ポートモレスビー攻略作戦）中止

五月十八日、MO作戦とFS作戦にあたる第一七軍の戦闘序列発令

六月七日、FS作戦を二ヵ月延期

七月十一日、FS作戦中止。これで海軍の設営能力に余裕が生まれ、七月十六日からガダルカナル島での飛行場造成工事開始

七月二十四日、第一七軍司令部がラバウルに進出

七月二十八日、第一七軍と第四艦隊が現地協定

八月五日、ガダルカナル飛行場が概成

八月七日、米第一海兵師団、ガダルカナルに上陸

これを見ると、陸軍側に関心さえあれば、ガダルカナル島に関する情報は入手できたはずだ。実際、第一七軍と第四艦隊との現地協定の際、ガダルカナル島の飛行場の話もでているし、その席には大本営陸軍部の参謀もいたのだ。そこでラバウルから六〇〇カイリ、平気なのかという陸軍側に、海軍は大丈夫と答えたとも伝えられている。当事者に自信があるよう

だからと、関心が薄れた。そこを奇襲されたということになる。情報の共有はさておき、根本的な問題は、陸軍はニューギニア、海軍はソロモン諸島からフィジー、サモアと攻勢軸が二本となったことで、ここで統合の問題に行き着く。いいかえれば、陸軍と海軍のあいだには戦略の合意点がなかったということになる。

第六章

陸海軍の確執がもたらした壮大なる破綻

海上勢力漸減の傾向にあるので、この点を心痛し、
米内大将に対ししばしば海軍現有艦船勢力を訊ねたが、
遺憾ながら何時も明確な返答を得られなかった。
大本営陸軍部もまたこの点を承知していなかった。

小磯国昭

◆混乱したガ島戦後の対応

ガダルカナル島（ガ島）をめぐる攻防戦は、昭和十七（一九四二）年八月七日の米第一海兵師団の上陸にはじまり、翌十八年二月七日に完了した日本軍の撤収で終わった。この戦闘で日本海軍は、空母一隻、戦艦二隻、重巡洋艦三隻、軽巡洋艦二隻、駆逐艦一四隻を喪失した。また、ガ島に突入した輸送船のうち一四隻、一〇万総トンを失った。一方連合軍は、空母二隻、巡洋艦九隻、駆逐艦二四隻を失っている。陸上戦の損害は、日本軍の死者二万人、連合軍の死者は一〇〇〇人と記録されている。日本軍の死者のうち、戦闘によるもの五〇〇〇人に対して、戦病死と餓死が一万五〇〇〇人という、現代の軍隊にあるまじき悲惨な結果となった。

この収支決算をどう評価するかはともかく、日本陸海軍は一致協力してガ島戦を戦ったことは事実だった。海軍は戦艦までもがガ島に接近して艦砲射撃もしたし、駆逐艦もその命の魚雷をおろして陸軍への補給にあたった。自分の担当地域での不手際の結果だから、海軍の行動は当然といえばそれまでだが、敵機の巣のまえに損害覚悟で飛びこんだ姿勢は高く評価されるべきだ。

とくに昭和十八年二月一日、四日、七日と三次にわたる撤収の「ケ号作戦（捲土重来のケ、奪回作戦ならばカ）」はたいした手際だった。駆逐艦二〇隻を動員して一万人の陸兵を収容して輸送、損害は駆逐艦一隻とは、練達したシーマンでなければできることではない。そこで本来ならば、ダンケルク撤収後のウィンストン・チャーチル首相のように、「退却だけでは戦争に勝てない」と檄を飛ばす人がいてもよいのだが、それだけの名文句を吐けるリーダーは日本にいなかった。

さてここで問題は、ガ島を放棄してからソロモン諸島のどこに防衛線をひいて、トラック島の前衛となるビスマーク諸島のラバウルを守るかだ。米豪遮断のFS作戦という夢のような構想に発展するまえは、トラック島が安泰ならば、第二列島線での邀撃戦に勝算ありという考え方だった。そのためには前衛としてラバウルを確保する、そしてそのためにはニューギニアのポートモレスビーを取らなければならないということだった。

日本側の予測によると、連合軍の本格的な反攻がはじまるのは昭和十八（一九四三）年中期以降としていた。アメリカが産業構造を民需から軍需に切り替えるための時間、艦艇の建造期間を考えれば、開戦から二年ほどたって反攻の態勢になると考えるのは常識だろう。それが一年も早まったのだが、それほどバタバタする必要もなかった。ガ島放棄を契機として、FS作戦以前の健全な構想に立ちもどり、甲羅に合わせた穴を掘ればよい。

では、具体的に前方拠点のラバウルをどう守るか。ラバウルのあるニューブリテン島は、東西五〇〇キロもある大きな島だから、陸上戦力でハリネズミにするわけにもいかない。ラバウルの盾の位置にあるニューアイルランド島も同様だから、機動的に対処するほかない。そこでニューブリテン島の東端のラバウル、中部のスルミ、西端のツルブ、そしてニューアイルランド島の北端のカビエンの航空基地を連携させて空の守りを固めるとなる。しかし、テンポが早く、足の長い航空戦だから、一枚の警戒幕だけでは心もとない。どうしても敵が手を出した南のソロモン諸島にも警戒幕を張りだす必要があるが、どこまででるか、そこが問題となる。

ソロモン諸島の南部はガ島、中部はニュージョージア島、コロンバンガラ島、ベララベラ島、北部はブーゲンビル島、そしてここから二五〇キロほどでラバウルとなる。ガ島を放棄したいま、この中部まででておくか、思いきって北部までさがるか、この二者択一問題となる。言葉を換えれば、敵に食いついて離れないか、一挙に間合いをとるか、さてどちらを選ぶかだ（付図参照）。

ここで考えなければならないことは、ガ島での戦訓だ。敵に航空優勢を握られれば、いくら策をこらしても補給できないことは、身をもって体験したことだ。それならば連合軍が前進拠点として確保したガ島からのＣＡＰ（戦闘空中哨戒）のそと、そしてこちらはラバウルからのエアカバーがきく範囲、そこで守るとなるはずだ。これを地図に入れてみれば、ブーゲンビル島がラバウル防衛の外縁となる。ブーゲンビル島の北端にはブカ、南端にはブインの航空基地があり、ここから警戒幕を張りだせるから好都合だ。こう考えたのは、海軍では

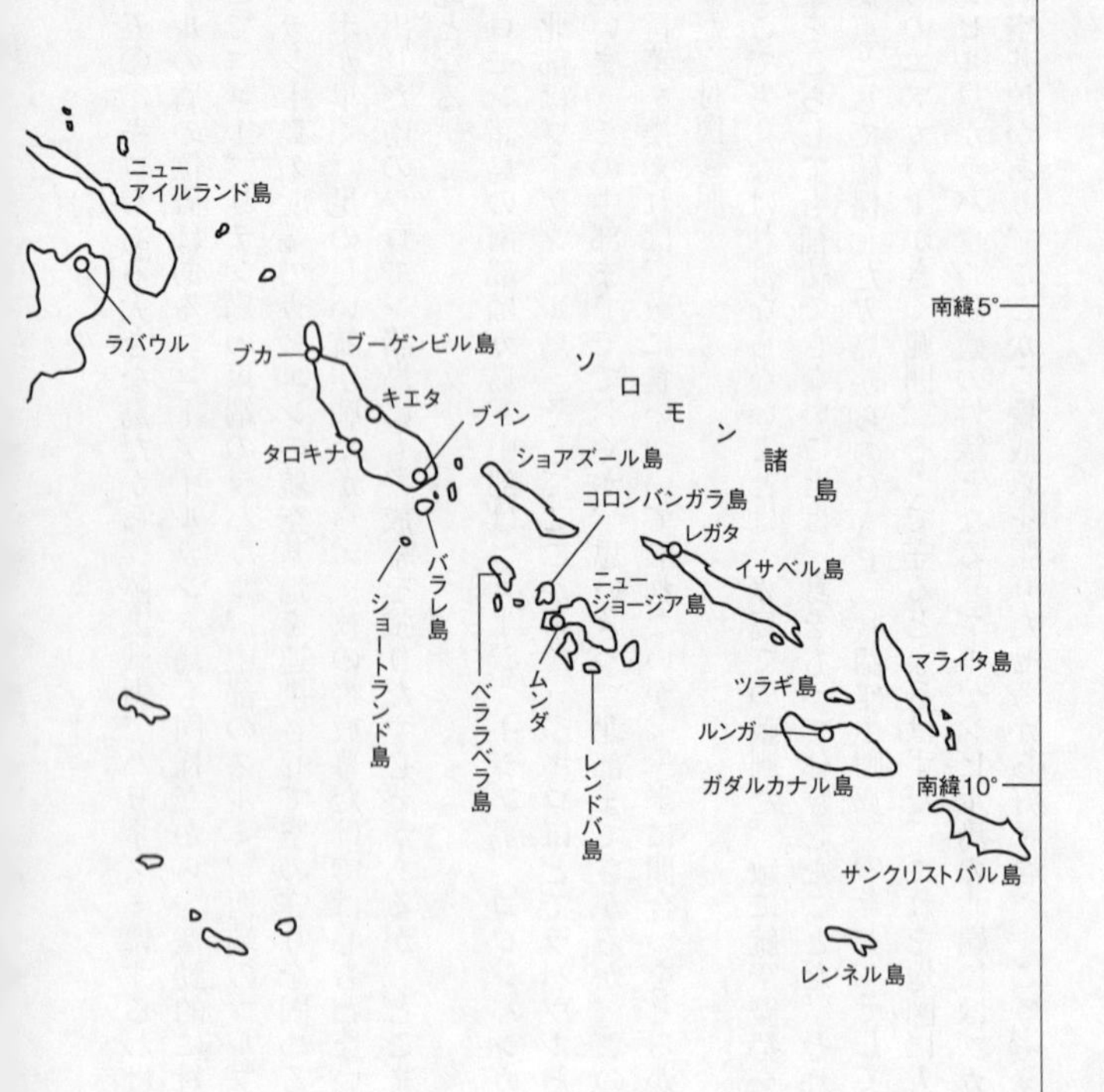

ニュー
アイルランド島
ラバウル
ブカ
ブーゲンビル島
キエタ
タロキナ
ブイン
ソ
ロ
モ
ン
諸
島
ショアズール島
コロンバンガラ島
レガタ
イサベル島
ニュー
ジョージア島
バラレ島
ショートランド島
ベララベラ島
ムンダ
レンドバ島
マライタ島
ツラギ島
ルンガ
ガダルカナル島
サンクリストバル島
レンネル島
南緯5°
南緯10°
東経155°
東経160°

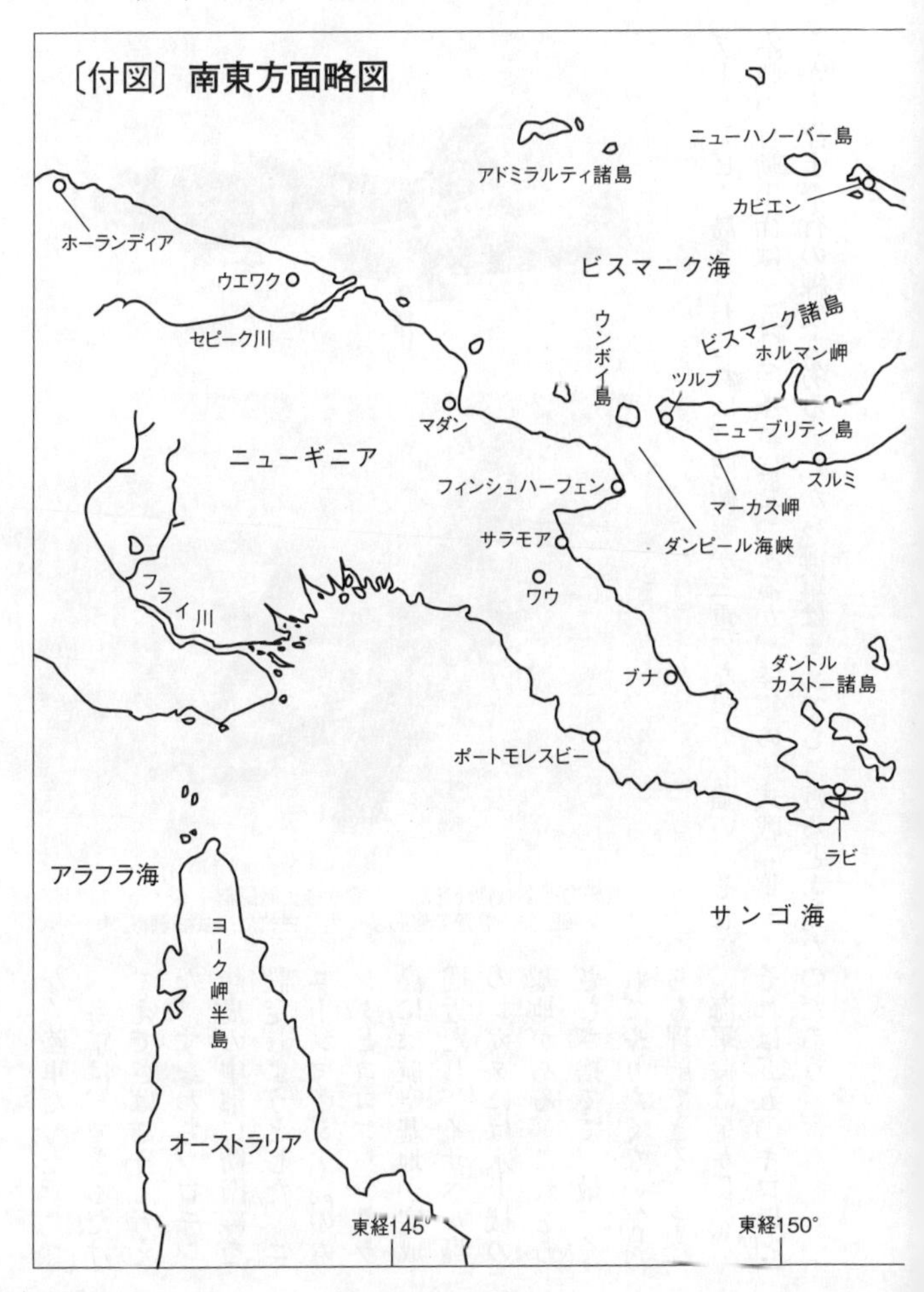
〔付図〕南東方面略図
ニューハノーバー島
アドミラルティ諸島
カビエン
ホーランディア
ビスマーク海
ウエワク
ビスマーク諸島
ウンボイ島
ホルマン岬
セピーク川
ツルブ
マダン
ニューブリテン島
ニューギニア
フィンシュハーフェン
スルミ
マーカス岬
サラモア
ダンピール海峡
ワウ
フライ川
ダントル
カストー諸島
ブナ
ポートモレスビー
ラビ
アラフラ海
サンゴ海
ヨーク岬半島
オーストラリア
東経145°
東経150°

△航続力と空戦性能を誇った零式艦上戦闘機
▽陸軍戦闘機のなかで最も多く生産された一式戦闘機「隼」

なく陸軍だった。

　海軍は、できるだけまえでさばこうと考えた。すなわちソロモン諸島の中部に防衛線を設定しようとした。ニュージョージア島のムンダとコロンバンガラ島には航空基地が完成間近だし、イサベル島のレガタには水上機の基地がある。これをむざむざ捨てて、敵にくれてやりたくない気持ちも理解できる。また、ブーゲンビル島と合わせれば、防衛線が二重になって心強い。そして、海軍機は足が長い。零戦の行動半径は一五〇〇キロにたっするが、陸軍の一式戦「隼」のそれは五五〇キロほど、しかも洋上飛行の練度も劣る。だから海軍はまえでさばけると考えたのだろう。

では、実際にこの南東正面における陸海軍の防衛構想はどう推移したのか。ガ島撤収が決定すると、この正面を担当していた第八方面軍は、華中の第一一軍から抽出した第六師団をブーゲンビル島に送りこんで、ガ島からの撤収部隊を収容しつつ、ソロモン諸島北部を固めはじめた。ガ島撤収が終わってすぐの昭和十八年二月、第八艦隊は第八連合特別陸戦隊をニュージョージア島のムンダとコロンバンガラ島に、第七連合特別陸戦隊をイサベル島のレガタとブーゲンビル島のブイン、ブカ島に送りこみ、ソロモン諸島中部での防衛構想を明らかにした。

ガダルカナル作戦時、駆逐艦の大発曳航
（「日本工兵写真集」原書房より）

この問題について陸海軍を調整するために昭和十八年三月、東京で「南東方面作戦陸海軍中央協定」が結ばれた。それによると、ソロモン諸島中部の防衛は海軍の責任とし、第八艦隊司令長官が統一指揮する。北部は陸軍の責任とし、第一七軍司令官が指揮するというものだった。陸軍と海軍双方の構想を認めるというものだったが、じつはなかなか巧妙な仕掛けが隠されていた。ごく少数にしろ、陸軍は兵力を海軍にさしだしている。これが人質となり、海軍が悲鳴をあげると、陸軍は増援せざるをえないようになっていた。ムンダなどに配備された第八連合特別陸戦隊と聞けば、とても大きな部隊を想像しがちだ。ところがその実態は、呉の第六特別陸戦隊と横須賀の第七特別陸戦隊を合同させたもので、歩兵大隊二コ相当の戦力でしかない。そもそも日本海軍の陸戦隊は、戦術単位の歩兵大隊一コを運用するのが限界で、それ以上の部隊を動かしたり、予備を控置してどうするといった能力はない。航空基地一コあたり陸戦隊一コを配備して、それでどうにかするというものだった。

陸戦隊の輸送、補給は、海洋に慣れている海軍だから手際はよいはずだが、じつはそうでもない。二月からはじまったソロモン諸島中部への配備も、それが完了したのはなんと七月下旬だった。補給も同様で、ブーゲンビル島に配備された海軍部隊でも、すぐにイモの葉が入ったオカユが食べられれば上等というまでに追いこまれた。案の定というべきか、第八艦隊と南東方面艦隊はすぐさま悲鳴をあげだした。このままではガ島の二の舞いになると危惧した陸軍は、海軍の要望をいれ、昭和十八年五月末からソロモン諸島中部に兵力を送り、結局は海軍よりも多い歩兵大隊六コを展開させることとなった。

結果を知っての論議にせよ、第六師団を主力とする第一七軍は、終戦のその日までブーゲンビル島で戦いつづけたのだから、ソロモン諸島中部に戦力をさかなければ、もっと健闘しただろう。しかし、現実はもっと厳しく、第一七軍がブーゲンビル島に固まっていれば、たちまち食糧がつき、餓死という運命が待っていたとも考えられる。

昭和十八年七月、連合軍はレンドバ島に上陸し、これを皮切りにソロモン諸島を攻めのぼってきた。そしてついに十一月初頭、連合軍はブーゲンビル島のタロキナに上陸してソロモン諸島の北部に手をかけた。そして十二月末、ニューブリテン島西部のツルブに上陸し、つぎはラバウルかと思われたが、連合軍はここをバイパスしてフィリピン、中部太平洋へと向かった。敵は自由な意思をもっているから、どこをも守ろうとすることは、どこも守っていないことになる、これを思いしらされる結果となった。

◆異なる陸海軍のドクトリン

まえへ、まえへとでたがるのは海軍の習性だが、それは海軍の教義＝ドクトリンによるものだ。海軍とは敵の艦艇を撃ち沈めて制海権を確立し、海洋を支配するのが基本的な任務だ。これを陸軍的な見方をすれば、海軍とは本質的に砲兵であり、要塞を砲撃によって破壊する攻城砲兵に特化したようなものとなる。ただ海戦の場合、交戦双方が動いており、動いているものを撃つのだから大変だとなる。砲撃だけでなく、雷撃、爆撃も同じだ。

陸戦での砲撃の多くは、静止位置から静止目標を撃つから簡単だとするのが海軍だ。いや、そうではなく敵が見えないところから撃つ間接射撃はむずかしいというのが陸軍だ。ほとんどの海戦の場合、砲側から見える敵を撃つ直接射撃は簡単だとするのが陸軍の見解だ。そもそも逃げも、隠れもできない海上での戦いは、簡単な話だというのも納得させられる。陸戦では、兵士一人ひとりが自ら塹壕を掘って身を隠すのだから、それだけからしても戦闘様相は複雑になるというのも正しい。どちらがむずかしいか語り合っているうちに、仲たがいするのも人間社会の通弊だろう。

日本陸軍は、攻勢至上主義にこり固まっていたとされる。昭和十三年九月に制定された『作戦要務令』には「攻撃精神充溢セル軍隊ハ能ク物質的威力ヲ凌駕シテ戦捷ヲ完ウシ得ルモノトス」とある。戦術の試験で「我レ防御ス」と答えればまず落第だ。状況がどうであれ、「我レ攻撃ス」が合格だ。しかしこれは建前で、攻撃とは解答しても、防御を意識していない者には将来がない。

陸軍の戦い方というものは、一定の地域を攻撃して奪取し、今度は防御に転じて確保する。これを繰り返して尺取り虫のように進むのが一般的だ。次に述べる補給の問題からもこうせざるをえない。攻撃と防御の調和をはかると言い換えることもできよう。そのためガ島戦後の陸軍の作戦構想は、攻撃と防御が調和するソロモン諸島の北部を固めようとしたと理解できる。

海軍は、これとはまったく異なる考え方をする。とにかく波のうえの話だから、占領して確保しようという発想そのものが生まれない。潜水艦という例外はあるにしても、多くは隠れることもできない。いくら重装甲の戦艦といっても、敵戦艦の砲撃や魚雷には沈められる。それならば、敵の砲弾や魚雷が当たるまえに、そのプラットホームを叩いてしまえとなる。主力艦同士の砲戦となれば、教科書は大先輩が演じて見せた日本海海戦だ。敵艦隊の頭を押さえ、そこに火力を集中させて順次に撃破して行けば完勝だとなる。水雷戦隊の夜間襲撃、航空機による爆撃や雷撃も基本的には同じだろう。そこで大事になるのが、事前に有利な態勢にしておくことだ。そのためには早くまえに出て、望む形での位置取りをしておくことが必要だ。それだから海軍は、ガ島のすぐ北、ソロモン諸島の中部にこだわったわけだ。

そして海軍と陸軍とで決定的に異なるのが、補給に関する考え方だ。ソロモン諸島のどこに防衛線を設けるかはさておき、どこにしろ補給が問題だ。二二ノットの優速を武器に、敵航空優勢下を強行突破できると期待されている海軍の輸送艦（一等＝一五〇〇排水トン、二等＝八九〇排水トン）の量産は昭和十九年五月以降となる。海浜に擱座して艦首から揚陸できるSS艇、ES艇（九五〇排水トン）の建造が始まるのは昭和十八年度に入ってからだった。

航空劣勢下では、船団を組んでの補給ができないことはガ島戦で明らかだ。では再び、駆逐艦によるネズミ輸送か、それとも大発による島伝いのアリ輸送をやるのか。海軍の見解によると、今度は近く、しかも島嶼が連なっているからガ島の場合より有利だとする。新月の闇夜に小型船舶を島伝いに行けば補給できるとした。なんとも心細いことだが、ここに海軍と陸軍の補給に関する考え方のちがいが浮かびあがってくる。

弾薬、燃料、食糧、はたまた飲料水にいたるまで一切合切を艦艇に積み込んで戦場に向かう。交戦の末、それらがなくなりそうになると、風のように戦場から去って根拠地にもどり、再補給してまた敵を求める、これが海軍の戦い方だ。特に燃料の問題は深刻だ。戦艦「大

ソロモン諸島ブーゲンビル島の豪軍とマチルダ戦車

和」の燃料搭載量六三〇〇トンだったが、それが三〇〇〇トンを切ればそろそろ帰還して補給しなければならない。洋上給油という奥の手はあるにしても、海軍がトラック、ラバウル、パラオといった前方根拠地を重視するわけはここにある。しかし、戦闘部隊が往復すればよいわけだから、本土、前方根拠地、艦隊と一本の線で結んでおくという考え方が定着しない。

陸軍はそうはいかない。弾薬の手持ちが心細くなったからといって、第一線の戦闘部隊が取りに帰るというわけにはいかない。人体のように動脈と静脈を戦域全体に張り巡らせなければ、陸軍は戦さにならない。そこで身の丈に合ったソロモン諸島北部に防衛線を設定したわけだ。ところがその線を固めるにも、「月夜には補給できません。闇夜になるまで待ってください」といわれては、陸軍は困惑し、苛立つほかなくなる。ここに決定的な陸軍と海軍との間に不信感が生まれる。

そもそも海洋における兵站をささえる船艇についての研究などは、その大部分を海軍が担当し、陸軍は輸送船の設備と上陸用の舟艇を担当することになっていた。しかし、船艇の損害が続出し、しかも海上護衛戦が画期的に改善される見込みもない。そこで陸軍は、やむなく海軍の領域である輸送船艇に手を伸ばさなければならなくなった。担当する部署は、参謀本部第一〇課（鉄道船舶課）だった。

陸軍の軍人の発想は独特だった。輸送船がつぎつぎと沈められるのは、浮かんでいるからだ。最初から沈んでいればよいという。そこで輸送用の潜水艦だ。昭和十九年三月から物理兵器の研究をしていた第七技術研究所で開発が始まった。海軍が協力してくれるとは思えず、陸軍独力で開発することとなった。潜水艦の設計はむずかしそうに思えるが、ようするに耐圧容器、そこに水を出し入れして浮沈させるだけのことだ。

輸送用の潜水艦「ゆ」の開発は順調に進み、三〇〇排水トン、水上一〇ノットほどのものに収まる見込みとなった。そこまでは海軍も気がつかなかったが、潜望鏡をメーカーに求めたことで露見した。勝手なことをしてけしからんと、設計陣を海軍省に呼び付けて査問会が開かれることとなった。この時の海軍の態度は、人それぞれだったという。親切にアドバイスをしてくれる人もいれば、はなから陸軍をばかにする人もいる。陸軍側の態度は、「こんなことをやらせるのは海軍の責任」で一貫して、これには海軍も反論のしようがなかった。そして実際に「ゆ」は完成して、一号艇はレイテ特攻輸送に投入されて失われている。

このような陸軍の涙ぐましい努力に対して、海軍の中枢はどのような態度で終始したのか。海軍省教育局長を務め、終戦工作にも関与し、「海軍の良識」とまでいわれた高木惣吉少将は『その著作『連合艦隊始末記』でこう書き残している。「護衛艦艇建造用の資材がないと悲鳴をあげているとき、どこをどう無理したか、下松で潜航もろくろくできぬ潜水艦を作ったり、宇品ではボートも漕げぬ船舶兵を養成したりした」。

◆アッツとキスカの明暗

昭和十八年五月末、アリューシャン列島のアッツ島の守備隊が全滅してから、「玉砕」という言葉が使われるようになった。「玉と砕ける」の意ではなく、「瓦全（いたずらに生き長らえること）」の対句で「大義を守り、潔く死ぬ」の意となり、出典は『北斉書』の「大丈夫寧可玉砕、不能瓦全」だ。

アリューシャン列島の攻防戦は、作戦立案の段階から問題があり、陸軍と海軍の関係がしっくりいかないまま実施に踏みきった経緯があった。緒戦の大勝利を確実なものにするため、海軍は第二段作戦を主唱した。軍令部は米豪遮断のFS作戦を推進しており、連合艦隊司令部はハワイやセイロンの攻略を夢見ていたとされる。陸軍は軍令部との合意として、まずニューギニアのポートモレスビーを攻略して、それからFS作戦に入ると了解していた。

ところが、ハワイやセイロンの攻略を断念した連合艦隊司令部は、その代わりとしてFS作戦のまえにミッドウェー攻略のMI作戦を実施しようと軍令部に提案した。軍令部はなぜかこれに同意したうえに、以前から論議されていたアリューシャン列島攻略のAL作戦をつけ加えた。これは昭和十七年四月上旬のことだ。

これほど重大な戦略問題について、海軍はいっさい陸軍に通知しないで話をすすめたという。ただ、こう決まったから歩兵連隊一コ相当を提供してくれないかということだけだった。これは陸軍側の心証をいたく害して、部隊はださないという強硬な意見もあった。しかし、陸軍が部隊を出さなくとも、海軍は作戦を強行するだろうし、部隊をさしだせば発言力も生まれる。とにかく両方合わせて歩兵連隊一コ程度の話だからと、旭川の第七師団からMI作戦には一木支隊、AL作戦には北海支隊をさしだし、それぞれ第二艦隊司令長官、第五艦隊司令長官の指揮下に入れることとなった。

ミッドウェー攻略はさておき、アリューシャン列島にまで手を伸ばすことを思いついた人は、太平洋を知らないことを白状しているのにひとしい。ここ北太平洋からベーリング海は、低気圧の墓場といわれ荒れ狂う海域だ。ここで作戦した第五艦隊の軽巡洋艦「木曽」は、大正十年竣工の老齢艦にしろ、乗員が「速力落とせ、艦が折れる」と絶叫するほどの風浪の日がつづく。そして始終、濃霧が発生する。と思えば突然晴れて、水平線まで一望となる。しかも、一九四一年六月の独ソ開戦以来、北極圏やシベリア一帯の気象通報が止まっているから、あてになる天気予報もだせないでいる。

無知と勇気は紙一重のものらしく、アメリカ領土への第一撃と第五艦隊を主力とする北方部隊はアリューシャン列島に乗りだした。舞鶴の第三特別陸戦隊と設営隊はキスカ島に向かう。陸軍の北海支隊は、まずキスカ島の東、すでに西半球のアダック島に向かい、部隊を上陸させて島内の施設を破壊してからアッツ島を占領する予定となっていた。ところが六月五日のミッドウェー海戦での大敗でアダック島上陸は中止となった。六月七日にキスカ島上陸、翌八日にアッツ島上陸、ともに無血上陸だった。

ミッドウェー海戦で決定的とも思える勝利をおさめた米軍が、こんな厳しい環境の北辺に興味を示さないと思うが、そうではなかった。米軍はすぐさま航空機、潜水艦による反撃をはじめた。領土奪還という面目もあったろうし、対ソ援助ルートの確保、さらには日ソ開戦を考慮しての対応という意味もあったのだろう。こうして日本軍の上陸後、二ヵ月ほどで米軍は上陸作戦の構えを見せはじめた。これは大変とアッツ島にあった陸軍部隊を撤収させて、キスカ島の防備を固める一幕もあった。

気象、海象が比較的安定する夏の二ヵ月もアッツ島は空だったが、とくに別状はない。また、もうミッドウェー方面とのリンクも考える必要がないから、両島からの撤収という意見もでてくる。さらには海軍の発案による作戦であり、海軍が補給の責任を負うといったのに、満足な補給がとどかないのだから、陸軍としては撤収しても恥ではないとするのも道理だ。このような意見をだれはばかることなく、参謀本部、大本営に表明していたのが、昭和十七年八月からこの地域を管轄する北部軍司令官だった樋口季一郎中将だった（昭和十八年二月から北方軍）。樋口中将は桜会の後見人のひとりとして知られる勇ましい人だから大本営も頭が痛い。

あれこれ論議のすえ、昭和十八年二月に大本営は、「北太平洋方面作戦指導要綱」を定めた。その内容は、あくまで西部アリューシャンは確保する、これまで海軍の指揮下にあった陸軍部隊は北方軍司令官の隷下に入れる、陸軍主導型の陸海軍共同作戦とする、といったものだった。これに付属する形で同じときに「北太平洋方面作戦陸海軍中央協定」が結ばれた。この協定によって、この正面の作戦は、北方軍司令官と連合艦隊司令長官の共同によるものとされた。

この共同という関係は、どこの戦線でも見られたもので新味はないが、キーとなる航空作戦については、任務分担と戦力の差し出し区分がかなり具体的だったから、情勢の切迫によって紛糾することとなる。アリューシャン方面の航空作戦は、全面的に海軍が担当して、千島列島方面は防衛作戦と輸送船舶の掩護は陸軍の担当、対海上作戦は海軍の担当とした。このため海軍は、アリューシャン方面に戦闘機一コ戦隊、水上偵察機と水上戦闘機を合わせて一コ戦隊を配備することになった。また、千島列島の北部、幌筵(パラムシル)島から東での輸送は海軍の担当であることも明文化された。

アリューシャン列島西部は固守すると決まったものの、ここでまた陸海軍の意見がわかれた。アリューシャン列島は、ほぼ北緯五二度線を弦とする弧状の列島で、東経一七三度付近にアッツ島、その東五〇キロほどでキスカ島となる。そしてアッツ島とコマンドル島のほぼ中間が米ソ国境となる。海軍の予測によると、敵はまず東のキスカ島を攻めて、つぎにアッツ島にくるとした。陸軍の見解は逆だった。実際にはアッツ、キスカの順に来攻したからいうのではないが、戦術の基本からすれば陸軍の見積もりが正しい。機動の自由があるならば、まず我から遠いアッツ島から押さえる。そうすれば、我から近いキスカ島は攻めなくとも早晩干上がる理屈だ。しかし、補給のほとんどを海軍に頼る陸軍としては、キスカ島を重点とする海軍の方針にしたがわざるをえない。

こういう経緯をへて陸軍は、北海守備隊の増強に乗りだした。キスカ守備隊は歩兵大隊三コと砲兵大隊一コ基幹、アッツ守備隊は歩兵大隊一コと砲兵大隊一コ基幹とする計画で、その総員は一万一〇〇〇人と見積もられた。ところが、この増強部隊を送りこめない。敵の航空機、潜水艦、さらには有力な水上艦艇があらわれ、加えて海象に阻まれて、動きがとれなくなってしまった。結局、両方の島にある兵力は、設営隊の軍属も含んで陸海軍合わせて八五〇〇人ほどで米軍の来攻を迎えることとなった。

なぜ海上連絡路を円滑に維持できないのかといえば、エアカバーがないからだ。そこで昭和十七年末から、両島で航空基地の設営が急がれ、アッツ島の滑走路は昭和十八年五月中旬には概成の見こみとなった。ここに陸海軍中央協定どおり、海軍の戦闘機一コ戦隊が配備されれば、海上輸送の状況が好転すると期待された。

昭和十八年五月十二日とされるが、大本営海軍部は北方部隊に第五戦隊と第二四航空戦隊を編入し、戦闘機一コ戦隊をアッツ島に配備すると陸軍部に通告した。これでひと安心と思っていたその日のうちに、なんと海軍は一方的に戦闘機のアッツ島配備を取り消した。激論が交わされているその最中に飛びこんできたのが、「本日、敵アッツ島ニ上陸」の急報だ。航空機が発着できるかどうかのときの上陸、まさにガ島の再現だった。

ここで大本営の決心は、有力な艦隊によって敵艦隊を覆滅し、逆上陸部隊を送りこんで上陸した敵を追い落とすというものだった。即応した第五艦隊は、五月十二日夕刻から幌筵島や横須賀を出港したが、無線傍受などでどうも敵には戦艦があって戦力の格差が大きいと判断されて、十六日には幌筵島に退避した。上陸掩護の米第五一機動部隊は、空母一隻、戦艦三隻、重巡洋艦二隻、軽巡洋艦四隻、駆逐艦七隻という陣容だったから、重巡洋艦二隻を基幹とする第五艦隊が突っ込んだら全滅していただろう。

連合艦隊司令部は、五月十七日に水上部隊の東京湾集結を命じ、二十二日までに戦艦「武蔵」「金剛」「榛名」などが東京湾に入った。なぜ、トラック島にいるはずの戦艦「武蔵」が東京湾にいるのか。昭和十八年四月十八日にブーゲンビル島で戦死した山本五十六司令長官の遺骨を運んできたからだ。

大和型戦艦の２番艦として建造された武蔵

北方軍は、アッツ島に歩兵大隊六コ、山砲兵大隊二コを逆上陸させる計画を立案した。まず幌筵島にあった歩兵大隊三コを送り、つづいて小樽からも送る。小樽港には輸送船六隻が集結し、五月二十四日には出港準備が整った。連合艦隊主力が千島列島からのエアカバーのもと進撃し、つづいて輸送船団がアッツ島に突っ込む。こちらには戦艦

撤収作戦のためキスカ島に向かう日本の巡洋艦隊

「武蔵」がいるのだから、水上戦闘で負けるはずがない。絶対にやれるとおおいに盛りあがったが、その意気も一週間とつづかなかった。

なんと大本営は、五月十九日にアッツ島増援中止を内定していたのだ。理由は海軍が二の足を踏んだからだった。その理由だが、上陸船団の護衛に自信がもてない、逆上陸するまでアッツ守備隊が持久できるとは思えない、連合艦隊の主力が出撃するには燃料一五万トン必要だがその手配がつかない、などなどだ。アリューシャン列島の攻略をいいだし、一時は撤収の声もあがったのに、それに反対した海軍がよくもこういえたものだ。アッツ島守備隊は五月二十九日まで組織的抵抗をつづけていたのだ。

陸軍が激高する姿は容易に想像できるが、海軍にやる気がなければ、逆上陸部隊が海没することは目に見えている。では、山崎保代大佐以下二五〇〇人のアッツ守備隊は見殺しか。そこでまた海軍は、できもしない口約束をして責任逃れをする。好機を見て潜水艦で守備隊を撤収させるというのだ。

さすがの大本営陸軍部も、アッツ島への逆上陸作戦放棄を札幌にある北方軍司令部にどう伝えてよいものかと苦慮した。そこで秦彦三郎参謀次長が出張して、樋口季一郎軍司令官に泣訴することとなった。このふたり、共にロシア屋でハルピン特務機関長を樋口が秦に申し送ったという関係だ。問題は海のうえのこと、いくら参謀次長を吊るしあげても、海軍ができないといっているのだから処置なしだ。結局、アッツ島守備隊は見殺し、その代わりといってはなんだが、キスカ島守備隊は即刻撤収ということになった。

昭和十八年五月二十日付けで、西部アリューシャン撤退の大命が下され、キスカ撤収作戦がはじまった。この時点でキスカ島にあったのは、海軍二〇〇〇人、陸軍二八〇〇人、軍属一二〇〇人だった。当初、海軍はこれを潜水艦で撤収させるとした。担当する第五艦隊は潜水艦一三隻を投入して作戦をはじめたが、一ヵ月間で潜水艦延べ一八隻を使って撤収できたのは八〇〇人だった。

潜水艦による撤収といっても、キスカ島付近で浮上し、濃霧にまぎれて接岸して人員を搭載して、また濃霧にまぎれて離岸してから潜水して封鎖線を突破する。濃霧の季節が終わる八月上旬以降は、どうなるのかわからない。さらに六月下旬までに潜水艦三隻を失った。そこで潜水艦による撤収を断念し、水上艦艇を投入して一挙に撤収させることとなった。幌筵島の柏原と占守島の片岡から出撃し、敵艦隊の目をくぐりぬけ、機を見てキスカ湾に突っ込み、大発に乗った兵員を移乗させ、すっ飛んで帰ってくるとの任務を負ったのが、木村昌福少将を司令官とする第一水雷戦隊だった。

暗夜、駆逐艦の編隊を組んで高速航行し、襲撃することに練達している水雷戦隊でも、こ

木村昌福

れはむずかしい作戦だ。敵はレーダーを装備してキスカ島を封鎖しており、こちらは人の目だけだ。無線を封止し無灯火、それで濃霧の中を編隊航行するだけでも大変だ。実際、成功した第三回目のとき、接触事故がおきて海防艦と駆逐艦それぞれ一隻ずつが脱落している。

さらに深刻な問題は、燃料の払底だった。第五艦隊に随伴しているタンカーには、北方海域用の粘度が低いカラフト・オハ油田産の重油が搭載されていた。低温の海域では、この重油でないと駆逐艦など軽快艦艇は十分な性能が発揮できない。手持ちの重油が底をつけば、タンカーを内地に回航してオハ油田産の重油を探して搭載し、これがもどって作戦再開となる。八月上旬には濃霧の季節が去ってしまうから、そんな悠長なことはやっていられない。そもそもオハ油田産の原油の輸入量は全体の一パーセントほどだったから、どこに貯蔵されているのかもはっきりしない。

そんな切羽詰まった状況のなかで、動じなかったのが木村昌福司令官だった。七月十三日、再度キスカ島に接近したものの霧が晴れたため作戦中止、幌筵島に帰ってきた。同月二二日、再度出撃したが天候が思わしくなく突入を延期して周辺海域で待機した。練達した船乗りでなければできることではないが、この慎重な姿勢が幸運を呼びよせた。同月二十九日、たまたま米艦隊が補給のため封鎖を解いたすきを衝くことができ、キスカ島に残っていた約五〇〇〇人の守備隊一人残らず、わずか五〇分で収容し、八月一日までに幌筵島に帰着した。

これが今日なお「奇跡の撤収」と語り継がれている「ケ二号作戦」の簡単な経緯だが、米軍はこの撤収を察知できず、八月十五日になって一コ師団をもって上陸作戦を展開したのだから、海軍のお手並みは見事となる。しかし、戦争中から密かに語られていたことだが「陸軍だけのアッツ島は見殺しにされた」。このようなどこからともなく聞こえてくる噂は、海軍が多くいたキスカ島だから海軍は本腰を入れた」。このようなどこからともなく聞こえてくる噂は、意外と人の心にしみわたり、それが陸海軍の確執をより深刻なものにした。どうも海軍悪玉説に傾きすぎたきらいがあるが、このキスカ撤収に関して陸軍がつまらないことを問題にして、いらぬ摩擦を招いている。

七月に入ってすぐから、キスカ島守備隊は陸軍、海軍ともに重火器、部隊装備、弾薬を処分して、個人携行装備だけの身軽な姿になっていた。なにがおきるかわからないから、人発が海浜を離れるまで、各人は九九式小銃とその弾薬一二〇発は手放せない。ところがガ島撤収時の教訓として、大発から駆逐艦に移乗するとき、乗り移ってからも、この小銃がじゃまになり、揚搭に時間を食うと海軍側が懸念した。そこで大発に乗ったら、軍刀と帯剣のほかは海中に投棄してくれと陸軍側に要望した。

小銃を海に捨てろといわれた陸軍の参謀は、おそるおそる北方軍司令部におうかがいをたてた。とんでもないと一喝されると思いきや、剛腹な樋口季一郎軍司令官は一存でこれを認めた。じつは海軍もそれほど強くもとめたことでもなく、接近してくる大発に向かって、駆逐艦から「小銃を捨てるな、捨てなくともよいぞ」と怒鳴ったが、兵隊さんは言われたとおり、小銃をポン、ポン捨てて大発は白い水しぶきに包まれたそうだ。そこまでやったから全員を五〇分で収容できたのだが、おさまらないのが陸軍の中央部だ。

話を聞いたか、報告を読んだのか、陸軍次官の冨永恭次中将が激怒した。恐れ多くも天皇陛下からお預かりした神聖な小銃を海に投げ捨てるとはなにごとぞというわけだ。だれが認めたのかと大声をだしたまではよかったが、それが樋口季一郎軍司令官と聞いて、冨永次官は黙ってしまった。樋口は冨永の四期先輩、しかも樋口がハルピン特務機関長だった時、冨永は関東軍第二課長(情報)という関係で、冨永は樋口を敬遠していた。それでも我慢ができない冨永は、鬱憤を海軍にぶつけ陸海軍の溝を広げてしまった。

◆孤立無援の島嶼防衛

アッツ島にはじまり沖縄まで、玉砕の島々がつづく。おのれの力も知らずに、場合によっては陸軍と海軍が虚勢を張りあい、手を伸ばしすぎたため、「どこも遠く」「どこも手薄」になった結果だった。陸軍と海軍が虚心坦懐に持てる力を協議のテーブルのうえに並べて対策を講じれば、たとえ敗北という結果に終わったにしろ、味方を平気で見捨てるのが日本の軍隊だと、今日なお残る異様な反軍思潮が生まれなかったはずだ。

手を伸ばしすぎたとはいうものの、まえに述べたソロモン諸島の防衛線を見ると、その程度には情けなくなる。ニューブリテン島のラバウルからブーゲンビル島のブインまで直線で四〇〇キロ、ブインからニュージョージア島のムンダまで三〇〇キロ、中継点があるのにこの距離を克服できなかった。ムンダから北へ二〇キロがコロンバンガラ島、せいぜいそのくらいしか機動の自由がきかなかった。

昭和十八（一九四三）年六月三十日、米豪連合軍はムンダの南一〇キロほどのレンドバ島に上陸し、たちまち重砲部隊を揚陸させて対岸のムンダの飛行場を火力で制圧した。つづいて七月四日、米軍一コ師団がムンダの北側に上陸してきた。ソロモン諸島中部での防衛を強く主張していた海軍は、ここの固守に執念を見せた。

南東方面艦隊司令長官の草鹿任一中将は、第八方面軍司令官の今村均大将にこの正面に師団一コの投入を要請した。師団となれば重装備をかかえており、駆逐艦でのネズミ輸送ではすまない。船腹一五万総トンの輸送船団を組まなければならない。その船舶はあるのか、あったとしてその護衛艦艇があるのか、それもあったとしてもエアカバーはどうするかで話は行き詰まる。第八方面軍は海軍の要請を断わり、大本営陸軍部もそれを追認した。

草鹿任一

この陸軍の姿勢に海軍ははなはだ不満だった。そこで草鹿任一中将と第八艦隊司令長官の鮫島具重中将は、ブインに進出して陣頭指揮にあたり、ソロモン諸島中部への輸送作戦に発破をかけた。海軍は七月四日から手持ちの艦艇を動員して輸送をつづけた。「陸軍さん、よく見ていろ」といったところだが、多くの場合、敵艦隊と遭遇したり、航空攻撃を加えられて輸送任務を果たせない。最後になる八月六日の輸送は、駆逐艦四隻が当たったが、うち三隻が沈められて力つきた。ほぼ一ヵ月にわたる激闘で、日本側は軽巡洋艦「神通」、水上機母艦「日進」、駆逐艦一〇隻を喪失した。

ニュージョージア島にあった日本軍は、補給が途絶したため幅二〇キロほどの海峡を渡ってコロンバンガラ島に退避した。その数、一万二〇〇〇人にものぼった。さて、これからどうするかと策を練っていた八月十五日、連合軍はニュージョージア島を完全に制圧しないまま、その北のベララベラ島に上陸してきた。これでコロンバンガラ島との連絡もままならなくなり、ソロモン諸島の中部は放棄されることとなった。この撤収作戦には、駆逐艦一一隻、大発八〇隻が動員され、十月二日に完了した。規模的にも、情勢の切迫度からしても、キスカ撤収よりも深刻な作戦だったが、なぜか広く語られていない。

これらソロモン諸島正面とニューギニア東部とは密接な関係にある。ラバウルとポートモレスビーとの関係など、これを語ればきりがなく、ここではソロモン諸島中部を放棄するとなった昭和十八年十月初頭のニューギニアの状況を見てみよう。

東部ニューギニアを担当する第一八軍司令部は、ニューブリテン島の西岸に面するマダンにあり、第四一師団はその北方、ウエワクにあった。ニューブリテン島との間のダンピール海峡に面するシオにあった第二〇師団は、昭和十八年九月十日に連合軍が上陸したフィンシュハーフェンに向けて四〇〇キロの徒歩行軍の最中だった。第五一師団も転進中だが、これがとんでもない行軍となった。フォン湾に面するラエから北上してシオで海岸線にでる経路だが、標高四〇〇〇メートルものサラワケット山脈を越えなければならない。図上の直線距離は一〇〇キロだが、実際の歩行距離は四〇〇キロを超えたというから、どんなに険しい道かがわかるだろう。とにかくニューギニアにある第一八軍は、つぎつぎと「蛙飛び作戦」（リープ・フロッキング）で上陸してくる連合軍に翻弄されつづけていたわけだ。

このようにソロモン諸島からニューギニア東部が危殆に瀕しているとき、日本の最高統帥部は戦略構想を大幅に変更した。それは、昭和十八年九月三十日の御前会議で決定した『戦争指導大綱』による絶対国防圏構想だ。この構想を地図に入れれば、千島列島東端から第二列島線沿いに南下してトラック島、そこから西南進しておおむね東経一四〇度の線でニューギニアを分断してボルネオ、ジャワなど南方資源地帯を囲む線となり、ここで連合軍の反攻を絶対にくい止めるという構想になる。この絶対国防圏構想については、さまざまに語られているが、端的にいえば、手の打ちようがない南東正面を切り捨てて、防衛線を短縮しようということになる。

切り捨てられる地域は、第八方面軍の正面だ。ガ島で苦闘し、ソロモン諸島からビスマーク諸島に入っている第一七軍、東経一四〇度以東の東部ニューギニアで苦戦を重ねている第一八軍は、防衛線のそとにおくということになる。トラック島の前衛として、あれほど重視したラバウルも放棄だ。では、この戦域にある陸海軍三〇万人の将兵をどうするのか。集積した資材や軍需物資もふくめて撤収する能力はないから、現地に止まってもらうしかない。露骨にいえば、その場で死んでもらいたいということだ。なんとも酷薄な話で、武士の道義はどこにいってしまったのかとため息がでる。

大本営陸軍部も心苦しく思ったのか、餞別ぐらいはとなったようで、華中の第一三軍から第一七師団をひき抜いて第八方面軍にまわした。そして大本営は、昭和十八年九月三十日発令の大陸命第八五五号をもって第八方面軍に対して、「来攻セル敵ヲ撃破シテ極力持久ヲ策シ以テ爾後ノ作戦ヲ容易ナラシムベシ」との大命を伝達した。これを受けて今村均方面軍司令官は、「各兵団各部隊ノ後退之ヲ認ズ」との異例な命令を下した。方面軍のレベルで後退を認めないとなると、作戦がどうだ、戦術はこうだという話ではなくなってしまう。とにかく、補給もないまま戦っている戦友を見捨てるという、本来あってはならないことが現実なものとなってしまった。

絶対国防圏構想に基づき、大本営陸軍部と海軍部のあいだで、「中、南部太平洋方面作戦陸海軍中央協定」が結ばれた。この主眼は資源地帯に隣接する豪北方面（東経一四〇度以西の西部ニューギニアからセレベス）と、広大な中部太平洋の防衛だ。

この協定が結ばれた昭和十八年九月末、課せられた急務はガラあきになっているカロリン諸島（東部のトラック諸島と西部のパラオ諸島）とマリアナ諸島の防備を昭和十九年春ごろまでに固めることだった。中部太平洋方面での最高司令官は連合艦隊司令長官であり、その単一指揮のもとの統合作戦とされた。輸送の分担だが、陸軍部隊の派遣輸送は陸軍が行ない、それ以降の補給、補充の輸送と患者後送は海軍の責任とされた。

戦略方針が定まり、指揮系統が一本となったのだから、中部太平洋での島嶼防衛は理想的な形になるはずだった。ところが、またしても陸軍は海軍に引きずられて戦略構想が崩れてしまった。海軍はここでも前方に警戒幕を張りだすことを強くもとめる。マリアナ諸島とカロリン諸島の東正面の島嶼を確保しておかないと、絶対国防圏は「絶対」ではなくなるという考え方だ。そのため海軍は、遠くギルバート諸島のタラワ島やマキン島、さらにナウル島からオーシャン島まで警戒幕として手放そうとはしなかった。

この正面の最高指揮官は連合艦隊司令長官の古賀峯一大将だから、陸軍としても海軍の方針を受け入れざるをえない。陸軍はここ中部太平洋に歩兵大隊四〇コ相当の兵力を投入するとしていたが、その三分の一ちかくを絶対国防圏のそと、主にマーシャル諸島とその近辺の島嶼に配備しなければならなくなった。こうしてまたもや、「どこも遠く」「どこも兵力不足」という状態に陥った。そのため常に圧倒的な戦力で攻めたてられて守備隊は玉砕し、バイパスされた島嶼は補給が途絶して餓死者続出のなかで終戦を迎えている。

日本の戦争指導部は、敵は自由な意思を持ち、こちらとは異なる論理で動いているという至極当然なことを理解していなかったようだ。そして米軍の絶大な建設能力をグアム島、ガ島などで見ていながら、それを計算に入れていない。ダグラス・マッカーサー将軍は、太平洋の戦いを「工兵の戦い」と総括するほど、戦略基盤の造成を重視していた。それが日本にとって決定的な敗因になったことは、昭和十九年九月に奪取されたモロタイ島とウルシー環礁が証明している。

ニューギニアの西端、モルッカ諸島の北端、モロタイ島はほぼ無抵抗のうちに占領されるや、土木器材が集中してたちまち航空基地が出現して、フィリピン攻略の一大拠点となった。

パラオ諸島とマリアナ諸島とのほぼ中間にあるウルシー環礁も簡単に占領され、米海軍はここを巨大な艦隊泊地とした。それも戦艦や空母も修理できる浮きドックから、乗組員のレクリエーション施設まで完備していた。これこそが海洋国家の戦い方だと納得させられる。

◆形にならなかった逆上陸作戦

大洋に点在する小さな島嶼がかみ取られるのは、仕方がないことだ。本来ならばそんなところにまで配兵するのは下策にしろ、あそこもあぶない、ここもこわいといった防者の心理からすれば、そうなるのが自然だ。しかし、敵もバイパスできない戦略的な要衝や航空基地を連鎖するために必要な島嶼の防衛は、もっと真剣に取り組むべきだった。絶対国防圏と豪語しておきながら、その内部を銃剣でかきまわされると、守備隊の健闘を拝んで見ているだけが、日本軍の姿だった。

もちろん、敵上陸の急報に勇み立ち、強力な逆上陸部隊を送りこんで、醜敵を海に追い落としてやると気勢を上げるが、アッツ島の例のように、いつしかその気持ちそのものがなえてしまう。その結果として勇戦している戦友を見捨てるという悲しい戦例ばかりとなった。それについてふたつの戦史をあげておこう。

蛙飛び作戦で西進してきた連合軍のニューギニアにおける作戦終末点は、西部ニューギニアのヘルビング湾一帯であることは地図を見ればわかる。その湾口にあるビアク島は飛行場適地が四ヵ所あった。これは空母一〇隻に相当する戦力を発揮すると見積もられていた。そのため海軍は早くからここを重視し、第二八特別根拠地隊をおいていた。絶対国防圏の設定とともに、陸軍もここの重要性に着目し、華北の第一軍から抽出した弘前編成の第三六師団をこの一帯に投入することとした。第三六師団は海洋作戦に適するよう改編されていた。歩兵連隊二コは甲連隊とされ、要地を確保する任務を負う。この甲連隊が敵上陸部隊を阻止している島嶼に、機動力を発揮できる乙連隊が逆上陸し、甲連隊と共同して敵を追い落とすという構想だ。

第三六師団は昭和十八年十二月末から、西部ニューギニア本島のサルミに甲連隊二コ、歩兵第二二三連隊と第二二四連隊)、ビアク島に乙連隊の歩兵第二二二連隊を配置した。これでビアク島の兵力は、陸海軍合わせて一万三〇〇〇人となった。現地に入った歩兵第二二二連隊は、飛行場設営に全力を投入したものの、航空機が飛来しない、飛来すればすぐに破壊されると航空基地としての機能を発揮できない。そこで陣地構築に転換した。

そこに米第六軍の第四一師団が昭和十九年五月二十七日、日本の海軍記念日に上陸を開始した。当時の米陸軍師団は定員二万五〇〇〇人と大きく、十二分ともいえる艦砲と航空機の支援を受けられる。ビアク島はすぐにも占領されると思われたが、陸海軍部隊を統一指揮した歩兵第二二二連隊長の葛目直幸大佐の作戦手腕はさえわたり、上陸部隊の頭を押さえつづけ、水際撃破がなるかというまで善戦した。

戦況を注視していた第二方面軍と南西方面艦隊は、予備として控置していた海上機動第二旅団二五〇〇人を第一六戦隊の艦艇でビアク島に送りこみ、敵をヘルビング湾に追い落とすと決心した。この逆上陸の作戦名は雄渾の「渾」、その意気込みが伝わってくる。部隊輸送にあたる第一六戦隊のほかに、警戒隊として第五戦隊、間接護衛隊として第二戦隊の戦艦「扶桑」と、合わせて戦艦一隻、重巡洋艦三隻、軽巡洋艦一隻、駆逐艦八隻、海防艦一隻という堂々たる陣容をもって六月二日、ミンダナオ島のダバオを出撃した。

ところが翌三日、偵察機に触接されたとかで作戦を一時中止とし、艦隊はニューギニア西端のソロンに入港し、海上機動第二旅団を揚陸してしまった。敵にうしろを見せて面目ないと、今度は搭載兵力を歩兵大隊一コと軽くして、再度ビアク島に向かったものの、上陸支援中の英艦隊に捕捉され、駆逐艦一隻沈没、同二隻損傷となり、部隊を揚陸することなく敗退した。たび重なる失態にいきり立った連合艦隊は、ついに戦艦「大和」と「武蔵」の第一戦隊を渾部隊に編入し、必勝の態勢をもってビアク島逆上陸作戦を完遂しようとした。

ところが、あいにくというべきか、それとも都合よくというべきか、敵機動部隊の接近が確認されてマリアナ諸島上陸が必至と見られたため、「あ号作戦」発動となって、渾作戦は中止となった。ビアク島にある飛行場の使用を一ヵ月にわたって拒止しつづけた守備隊の勇戦も結局はむなしいものとなってしまった。なお、守備隊は七月二日まで組織的戦闘をつづけたばかりか、終戦まで自戦自活の遊撃戦を展開していた。

引きつづく舞台がサイパン島だ。ここを奪取されると東京がB29の空襲圏内に入るという重大な問題が生じる。また、ここは中部太平洋のかなめで、陸軍の第三一軍司令部、海軍は中部太平洋方面艦隊司令部と潜水艦部隊の第六艦隊の前進指揮所が所在しているから、陸海軍の面目にかけても見殺しにはできない。

昭和十九年六月、連合軍はマリアナ諸島攻略のフォレージャー作戦を発動、六月十五日に米海兵師団二コを第一波としてサイパン上陸を開始した。これに素早く反応したのは、首相兼軍需相、かつ陸相で参謀総長の東條英機大将だった。米軍上陸の翌十六日に東條参謀総長と嶋田繁太郎軍令部総長は、サイパン島に増援部隊を送りこんで、誓って敵を太平洋に追い落としてご覧に入れると上奏した。

統帥部の両総長がそろって上奏してしまった以上、どうにかしなければならない。そこでふたつの作戦が立案された。ひとつは、師団二コを送りこんで一挙に米上陸部隊を撃滅するというもの。またひとつは、歩兵連隊一コに対戦車用の速射砲大隊五コ、中迫撃大隊三コなどを加えて臨時に編成した独立混成旅団を早急に送って、サイパン島の一角でも確保、持久するというものだった。そして六月十九日、両統帥部の総長は、このいずれかを確行いたしますと上奏した。余談になるが、なにごともこまごまと上奏する東條大将の姿勢を宮中はおおいに評価していたそうだが、それがまた東條大将追放の因ともなる。

さて、どちらの作戦にするか。上奏した以上、二コ師団を逆上陸させて、醜敵を一挙に覆滅と行きたいところだが、その海上輸送はどうするかという現実問題に直面すると考えこんでしまう。当時、日本陸軍の一般的な上陸作戦の場合、歩兵大隊一コを海上機動させるには、五〇〇〇総トン級の輸送船二隻が必要とされた。二コ師団となると歩兵大隊一八コ、歩兵だけを運ぶのに五〇〇〇総トン級輸送船三六隻という大船団となり、本土からサイパンまで一二〇〇キロを克服させるのは現実的ではない。

そこで混成旅団一コで我慢するとなる。それでも八万総トンの船腹量が必要と試算された。この輸送船団の直接護衛には、重巡洋艦二隻、軽巡洋艦二隻を主力とする第五艦隊があたり、間接護衛には第二艦隊の戦艦の一部が出撃することとなった。陸海軍合同の総称Y作戦だ。

さて、問題はこの輸送船団、護衛艦隊に対するエアカバーだ。海軍は本腰を入れ、四七〇機を準備し、決戦時には三〇〇機を投入できると自信のほどを示した。この機数には、六月十九日からの航空決戦に向けられているものも入っているが、これこそが「作戦、運用の妙」と誇る。空母決戦で負けた場合も考慮に入れた方が健全だと思うが、帝国海軍の軍人たる者、そんな退嬰的な考え方はしないということか。米軍のグアム島上陸、テニアン島上陸までは、両島の航空基地は使えるので勝算ありと判断したのだろう（グアム上陸は七月二十一日、テニアン上陸は七月二十五日から）。

もちろん陸軍は東條英機首相の顔をたてようと、積極的に作戦準備を進めた。鹿児島で編成されて戦力が期待できる歩兵第一四五連隊を基幹とする混成旅団も立ちあがりつつあり、目玉となる速射砲大隊五コ、中迫撃大隊三コも全国各地から乗船地の横須賀や東神奈川に集中しつつあった。問題は、おそらく戦死するだろう混成旅団長の人選だ。

勇ましい少将で遊んでいる奴はいないかと見渡すと、関東軍総司令部付の長勇少将に白羽の矢がたった。もちろん、あの桜会、張鼓峰事件で勇名を轟かせた長勇だ。長年にわたるわがまま放題のつけを払わせようとなったとも語られるが、当時、高級参謀次長だった後宮淳大将が久留米の歩兵第四八連隊長の時、部下の中隊長のひとりが長勇という関係から、後宮次長が長を強く推した結果といわれる。長少将が呼びもどされて東京についたのは六月二一六日だった。のちの話になるが、このサイパン逆上陸作戦で準備された部隊の多くは、歩兵第一四五連隊のように硫黄島に送られて玉砕した。長勇少将は沖縄の第三二軍参謀長にまわって玉砕した。

昭和十七年のガ島戦以来、ひさしぶりに陸海軍がこころをひとつにした逆上陸作戦が形になろうとしていた。ところが「あ」号作戦、いわゆるマリアナ沖海戦で第一機動艦隊は惨敗を喫し、海軍の航空部隊はすり減ってしまった。そのためサイパン島に向かう輸送船団に濃密なエアカバーをかぶせるには、陸軍の航空部隊を投入するしかなくなった。しかし、陸軍の航空部隊は海洋作戦の訓練がなされていない。洋上の航法に慣れていないから、輸送船団を緊密に掩護できない。

エアカバーに自信が持てなければ、逆上陸作戦は前提から崩れる。そこでサイパン島にある名古屋で編成された第四三師団の持久に期待して、時間を稼いで航空戦力を再建してからのことと気の長い話となった。陸軍としても、戦略単位の師団がそう簡単に崩れるとは考えていないから、この案を受け入れる。

この作戦構想を東條英機参謀総長と嶋田繁太郎軍令部総長は二人そろって上奏したところ、天皇はすぐに裁可することなく、元帥会議に諮るよう指示した。天皇としては、サイパンとは日本の本土という意識だから、そう簡単には放棄を認めることはできない。しかし元帥会議（閑院宮載仁、梨本宮守正、寺内寿一＝外地、杉山元、畑俊六＝外地、伏見宮博恭、永野修身）にも妙案はなく、「なにか秘密兵器はないのか」ということだから、天皇としてもサイパン逆上陸作戦の延期を裁可するほかなく、今後は陸軍海軍の航空兵力を統一して運用するよう指示した。

Y作戦中止かという声がたかまるなか、海軍省から勇ましい声があがった。昭和十七年八月、第一次ソロモン海戦

神重徳

でガ島の敵泊地に突入して連合軍に大損害をあたえた第八艦隊の首席参謀で、教育局第一課長になっていた神重徳大佐が逆上陸部隊を率いて突入するという。「よし、俺を戦艦『山城』の艦長にしてくれ。陸戦隊二〇〇〇人を率いてサイパン島に征く」というわけだ。「さすが、殴り込みの神」と男をあげたが、具体的な話になるとどうも心もとない。軽装備の陸戦隊二〇〇〇人でなにができるのか。戦艦「山城」をどこに擱座させて砲台とするのか。船体がおおきく傾斜したら、主砲は発射できないのではないか。そもそもサイパン島に到達できるのか。その意気壮とすべしだが、それだけでは戦争にならず、いつのまにかこの話も消えた。

こうしてサイパン島は見捨てられ、守備隊は孤立無援のなか、昭和十九年七月七日に組織的抵抗をおえた。これで東京はB29爆撃機の行動半径に入った。これを契機として政争となり、七月十八日に東條内閣は総辞職、東條英機大将は予備役編入となった。昭和十九年八月

三日にはテニアン島、八月十一日にはグアム島が占領された。そしてこの三つの島に巨大な航空基地が造成され、日本の敗北を不可避なものとした。

◆陸海軍統合の捷号作戦

昭和十九（一九四四）年八月中旬までにマリアナ諸島は席巻され、九月に入ると連合軍はパラオ諸島のペリリュー島、モルッカ諸島のモロタイ島、ウルシー環礁と連続して上陸し、そこに海空の根拠地を建設した。ここまで迫られると、つぎはフィリピンが戦場になることはだれにもわかる。フィリピンは七〇〇〇もの島嶼からなり、そのどこかに確固とした基地をもうけて、西から北へ戦力を発揮されれば、日本の南方資源還送航路は遮断される。それは日本の戦争目的「自存自衛」の終わりを告げるもので、すなわち日本の敗戦ということになる。

では、連合軍はいつ、フィリピンのどこに突っかけてくるか、それが問題だ。大本営海軍部の予測によると、十一月中旬、ミンダナオ島だとしていた。フィリピンに展開していた陸軍の第四航空軍も同じ意見だった。連合艦隊は、フィリピンのどこであれ、遅くとも九月末までに来攻すると危機感をつのらせていた。フィリピンにある第一四方面軍（昭和十九年九月に新編）は、上陸船団の泊地から考えてレイテ島が狙われているとした。南方軍の寺内寿一総司令官は、「フィリピンの防衛は弱体であることを敵は知っている。ならばミンダナオなど遠回りをする必要はない。わしがマッカーサーだったら、真っすぐどてっぱらのレイテに上陸する」と断言していたという。

連合軍の最初のプランによると、十一月中旬にミンダナオ島に上陸としていた。ところが、ペリリュー島上陸の支援を兼ねて米第三八機動部隊が九月初旬、フィリピン南部から中部にかけてを攻撃したところ、抵抗がほとんどないので、ウィリアム・ハルゼー司令官が進攻作戦の繰りあげを上申した。これが受け入れられ、ミンダナオ島はバイパスし、十月下旬にレイテ島上陸となった。日本側の読みは、なかなかのものだったことになる。

ウィリアム・ハルゼー

マリアナ諸島を制圧して中部太平洋における行動の自由を獲得した連合軍は、すぐさま日本本土に進攻する可能性も考えられた。どこに来攻してくるにしても、日本としてはつぎの作戦は全力を投入しての「決戦」と位置づけ、捷号作戦が立案された。作戦名は、勝ち戦を伝える捷報の「捷」だ。昭和十九年七月二十一日に確定した作戦方針は、つぎのようなものだった。

一、フィリピン、台湾、南西諸島、本土、千島にわたる海洋第一線の防備を強化する。

二、右の地域のいずれかに敵が来攻しても随時、陸海空の戦力を結集してこれを撃破し得る準備をととのえる、これを捷号作戦と呼称する。

三、中国における湘桂作戦（一号作戦、大陸打通作戦）を予定どおり完遂し、海上交通の不安を大陸交通によって補う。

四、沿岸航路によって海上交通を確保することに努める。

第一項からもわかるように、この捷号作戦は地域わりになっている。フィリピン方面が捷一号、連絡圏（第一列島線、南西諸島から台湾）方面が捷二号、本土（北海道を除く）方面が捷三号、北東方面が捷四号となる。このどの正面でも、航空優勢が確保できるかどうか、そこまで望まなくとも効果ある航空第一撃が可能でなければ、「捷」の字が使える状況にはならない。それはガ島戦以降、あらゆる場所において血であがなった教訓だった。それをどう活かすかということで定められたのが、昭和十九年七月二十四日の「捷号航空作戦中央協定」だった。

この協定の主旨は、陸軍と海軍の航空戦力を徹底的に集中し、かつこれを統合発揮して敵の進攻部隊を捕捉撃破するというものだった。では、どうやって統合するのかという具体論になると話がこみいってくる。これまで、それぞれが想定した作戦の様相にそって整備してきた航空部隊を、どうやって一本化するのだろう。捷一号正面では海軍の第一航空艦隊と陸軍の第四航空軍、捷二号正面では第二航空艦隊と第八飛行師団、捷三号正面では第三航空艦隊と第一〇、第一一飛行師団と教導航空軍、捷四号正面では第一二航空艦隊と第一飛行師団、この作戦戦術を一変させて統合しようというのだから大仕事になる。

統合と打ち出したものの、結局は洋上作戦は海軍側の指揮のもと、本土直接防備は陸軍側が統一指揮することで落ちついた。ただし、第一列島線の南西諸島から台湾までの連絡圏域をカバーする捷二号の場合は、第二航空艦隊の主担任とし、陸軍の第八飛行師団はその指揮下に入ると定められた。

本来の意味からすれば、統合作戦は捷二号作戦だけだったといえよう。この主旨にそって陸軍は、虎の子ともいうべき重爆撃機装備の飛行第七戦隊と飛行第九八戦隊を第二航空艦隊の指揮下にさしだした。なかでも飛行第九八戦隊は、最新鋭の四式重爆「飛龍」を二七機装備し、陸海軍双方からおおいに期待されていた。

この陸海軍中央協定が結ばれる前後から、陸軍の航空部隊が鹿屋基地に集まり、海軍の指導のもと洋上での航法や雷撃の訓練を行なっていた。はじめ海軍の将兵は、「陸さんにできるかな、線路伝いに飛ぶのとはちがうよ。雷撃はむずかしいよ」と笑って見ていた。それがすぐに畏敬の念に変わった。まず、真剣に学ぶ陸軍航空兵の姿勢だ。そしてたちまち洋上航法のコツを飲みこみ、「飛龍」による雷撃の腕も海軍を凌駕するのではないかという域に達した。「陸軍航空はやるぞ」となって現場では陸海統合のマインドが生まれた。そんな声が中央にまでとどいていれば、フィリピン、沖縄とそれからの展開はかなりちがったものになっていただろう。

◆訂正されなかった大誤報

日本側がこのような準備をすすめているときに生起したのが、昭和十九年十月十日からの台湾沖航空戦だった。連合軍はきたるフィリピン進攻に備えて、日本本土とフィリピンの連携を断つため、その連絡圏域に襲いかかった。ウィリアム・ハルゼー大将が指揮する米第三艦隊で、その中核はマーク・ミッチャー中将が指揮する第三八機動部隊、その戦力は正規空母九隻、軽空母八隻、高速戦艦六隻を主力とする艦艇九九隻、航空機は一〇〇〇機を超えていた。

まず、米第三八機動部隊は十月十日、沖縄本島を急襲した。沖縄戦のはじまりと語りつがれている「十・十空襲」だ。この一日で沖縄の民家一万一〇〇〇戸が全焼もしくは全壊し、県民一ヵ月消費量の飯米が焼失した。南下した米機動部隊は、十一日にルソン島北端のアパリを空襲してから、十二日から十四日まで台湾を徹底的に叩きあげた。空母が台湾の沖合五〇カイリまで接近して搭載機を発着させたのだから度胸がすわっている。ちなみに真珠湾攻撃時、日本機動部隊はオアフ島まで一九〇カイリに迫った。そして十五日、米機動部隊はマニラを空襲してからレイテ島上陸に備えて補給海域に向かった。

もちろん、日本軍も黙って叩かれつづけたわけではない。十月十二日午前十時三十分、台湾への空襲を確認した連合艦隊司令部は、基地航空部隊に捷一号、捷二号作戦の発動を命じた。ちょうど台湾の東方海域に台風があり、荒天時でも作戦できるベテラン搭乗員を集めたT（タイフーン）部隊にもってこいの状況と思われた。鹿屋と宮崎から発進したT部隊の一〇〇機は、十二日午後七時から攻撃を開始し、三〇機が台湾に帰投した。翌十三日の薄暮時、T部隊の四〇機が攻撃、さらに十四日には陸海合同の一般部隊四〇〇機が出撃した。

超空の要塞・ボーイングB29米爆撃機

十四日朝、米艦載機は一斉に帰艦しだし、昼すぎには中国を基地とするB29爆撃機一〇〇機が台南一帯を爆撃した。さて、この戦況をどう見るか。敵艦隊は大損害をこうむったため、搭載機を収容して退避しつつあり、それを掩護するためにB29爆撃機が飛来したという推察もできる。実際、帰投した搭乗員の報告を集計すると大戦果があがっている。そこで内地にあった第五艦隊に敵損傷艦の撃滅、味方搭乗員の救助、そして武士の情けと敵兵救助をも命じて出撃させた。勇躍、南下した第五艦隊が水平線に見たものは、熊蜂の巣だった。敵艦載機が乱舞している。これは話がちがうと全速力で奄美大島に逃げこみ、燃料がなくなってしまったという。

第五艦隊の話はあとのことで、すぐに戦果が集計されて大本営発表となった。十五日のフィリピンで内地にあった……

の戦果を加えた最終的な発表は、十月十九日午後六時の臨時ニュースで発表された。今となれば、それがとんでもない数字だった。

・轟撃沈＝空母一一隻、戦艦二隻、巡洋艦三隻、巡洋艦もしくは駆逐艦一隻

・撃破＝空母八隻、戦艦二隻、巡洋艦四隻、巡洋艦もしくは駆逐艦一隻、艦種不明一三隻
・わが方の損害＝未帰還三一二機

ウソ八百の代名詞ともなった「大本営発表」だが、そのきわめつきとして記憶されている誇大戦果報告がこれだ。米軍の損害は、重巡洋艦二隻大破、空母一隻損傷でしかない。日本軍の損害だが、実動一〇〇〇機で戦闘に入り、十月中旬までに二〇〇機ほどに落ちこんだ。台湾沖航空戦の結果だけではないにしろ、この十月の一ヵ月間で五一万総トンの船舶を喪失し、これはトラック空襲があった昭和十九年二月につぐワースト記録となった。

景気付けのために、大戦果をでっち上げたというわけでもない。戦果の判定をおおきく誤った結果だ。もちろん戦意高揚のためもあり、かなり甘く判定したり、水増ししたことも否定できない。それにしてもこのちがいはと問われれば、夜間の戦闘となると地上戦でも戦果を大きく見誤るものだと答えるしかない。一コ小隊に夜襲されると、一コ連隊が押しよせてきたように思え、これを撃退すれば「敵一コ連隊を陣前で撃破せり」と報告し、戦果は二〇倍にもなってしまう。台湾沖航空戦では、昼間に偵察機を飛ばせなかったから、敵艦の撃破数が何十倍になってもおかしくはない。

軍艦マーチをバックに、にぎにぎしく発表することの是非はともかく、この数字が上聞に達し、十月二十一日には大戦果を嘉尚する勅語がだされるとなると、話はまたべつな方向へずれてしまう。しかも、この勅語は陸軍の強い要望によるものだとされ、これがまた陸軍と

海軍の仲を険悪にする。陸軍の認識では、この大戦果は最新鋭の「飛龍」などを装備した陸軍の重爆部隊があげたもので、それを奏上したから嘉尚の勅語を賜わったのだとする。これは、海軍としては面白くない。また、勅語を賜わったとなると、この数字は神聖なものとなり、軽々しく変えることができなくなってしまったところに重大な問題が潜んでいた。

喜々として戦果を集計し、日比谷での提灯行列の準備をしていた十月十六日、鹿屋を発進した海軍の偵察機が台湾東方海域を行動中の敵機動部隊を視認した。確認できたものは、空母一三隻とも空母七隻と戦艦七隻ともいわれるが、とにかく沈めたつもりの敵機動部隊が健在なことを確認したわけだ。つづいて十七日、それは四コの輪形陣を組んでいることも視認され、その頃にはまえに述べた第五艦隊が視認した光景の話も伝わってくる。通信傍受も台湾沖航空戦の大戦果は、幻であることを示唆している。

冷静になって考えてみれば、敵は十五日にマニラを空襲したが、敗残部隊の動きにしてはどこか不自然だ。それではと、第二航空艦隊からも関係者を東京に呼んで検討したところ、最大でも空母四隻撃破で、撃沈したものはないとの結論にいたった。当然のことながら、それからの大本営海軍部は敵機動部隊健在を前提として作戦を練りはじめた。

ところが、どうしたことか敵機動部隊健在の情報を大本営陸軍部にすら伝えなかった。戦時だから、広く国民一般に「大間違いでした」と頭を下げて真相を明らかにする必要はないだろう。また、上聞に達している以上、「陛下、本当はこれこれです」といいにくいのもわかる。戦勝に沸き立つ提灯行列に水をかけるのも粋ではない。海軍としてできることは、せいぜい米内光政海相が提灯行列に参加しないことぐらいというのもよくわかる。

真相を知ってしまった海軍の心情はよく理解できるにせよ、大本営なのだから情報は共有されるべきで、なにはともあれ陸軍部に通報するのがあたりまえのことだ。ところが海軍は、これをなんと終戦までひた隠しにしていたとは、まったく理解に苦しむところだ。

真相を陸軍に伝えれば、海軍が赤恥をかくというのだろうが、台湾沖航空戦には陸軍も参加しているのだから、恥の問題ではない。しかも戦後になってこの戦果誤認問題を蒸し返したのは海軍関係者で、あの責任の多くは陸軍にあると語るにいたっては言葉を失う。とにかく、海軍が知っていて知らないふりをしたことは、とてつもない戦略上の誤算をもたらすこととなる。

◆レイテ決戦となった経緯

昭和十九年十月十七日、レイテ湾口のスルアン島にあった海軍の監視哨は、敵艦隊接近を報告して連絡を断った。この状況をどう見るか。台湾沖航空戦の大本営発表を信じている者、多少は割り引いても信じたい者は、おりからの荒天も加味して、損傷艦艇をかかえる敵艦隊が避泊地をもとめてレイテ湾に入ろうとしていると見る。

そこまで楽観的でない者も、連合軍はレイテ島に上陸しようとしているが、それをエアカバーする航空戦力がかなり減殺されているようだから、これを追い落とせると考えるだろう。とにかく陸軍は中央から現地まで、敵艦隊は健在でフィリピン東方海域を遊弋しているとは思ってもいないのだから、自分に都合よく考える。

スルアン島からの急報を知った陸軍の第四航空軍は偵察機を飛ばしたが、荒天にさえぎられて敵影を確認することができなかった。じつはこの暴風雨に隠れる形で、米第六軍を満載した進攻艦船七三八隻がレイテ湾に進入しようとしていた。そして十月十八日昼までに湾口にある島嶼を奪取し、上陸船団がレイテ湾に入った。ダグラス・マッカーサーが座乗した軽巡洋艦「ナッシュビル」もその一隻だった。

台湾沖航空戦の戦果に幻惑されている陸軍の判断は、本格的なフィリピン進攻のためのものか、暴風雨による避泊のためなのか、損傷艦艇の避難のためなのかと揺れ動いた。現地の第一四方面軍は、レイテ島上陸がフィリピン進攻の本上陸、ルソン島への上陸作戦の陽動、このふたつにひとつと判断していた。十月六日に着任したばかりの山下奉文方面軍司令官は、「敵がレイテ島にきたか、それは面白い。ところでレイテとはどこじゃ」といったと伝えられている。ルソン島での決戦準備に追われていた現地部隊の雰囲気がよくわかる。

台湾沖航空戦の戦果がどうであれ、フィリピン中部に敵大船団がいるのだから、大本営は「国軍決戦実施ノ要域ハ比島方面トス」として、十月十八日夕刻に捷一号作戦の予令を発して、翌十九日午前零時に発動した。連合艦隊司令部も同日午後五時三十分に同様な命令を発した。この時点では、レイテ島では海空決戦であり、地上決戦はあくまでルソン島で行なうとしていた。ところが、十九日をすぎたころから話が変わってきた。台湾沖航空戦の大戦果を信じた南方軍総司令部は、戦果の拡大はもちろんのこと、これを活用して頽勢を一挙に挽回するのだと、レイテ島での地上決戦を模索しはじめた。

昭和十九年十月二十日午前十時、米第六軍は隷下の第一〇軍団と第二四軍団を並列させ、レイテ島東岸に急襲上陸を敢行した。この正面では、戦艦六隻、巡洋艦一〇隻、駆逐艦一八隻による上陸支援の艦砲射撃が二時間にわたって行なわれた。そして橋頭堡が固まるのを待つことなく、各個に前進して上陸二日までに兵員一三万人、資材二〇万トンを揚陸した。これは物量の絶対的な優勢というよりも、その組織力を評価すべきだ。おそらくは日清戦争、日露戦争で見せた日本軍の上陸作戦のソフトを学び、それ以降の大発などのハードを学んだ米軍が、師匠の日本軍を超えたということになるだろう。

レイテ島に対する上陸が戦略レベルの本格的な進攻作戦であるとした南方軍総司令部は、フィリピン正面を担当する第一四方面軍に「一、驕敵撃滅の神機到来せり。二、第一四方面軍は空海軍と協力し成るべく多くの兵力を以てレイテ島に来攻せる敵を撃滅すべし」との命令を十月二十二日にくだした。寺内寿一総司令官は早くからレイテ来攻説を唱えていたこともあって、この命令となったのだろうが、これで第一四方面軍はルソンではなく、レイテで決戦することとなった。

第一四方面軍は、第三五軍と方面軍直轄部隊からなり、レイテ島をふくむ中南部フィリピンの防衛は第三五軍の担当だった。第三五軍の司令部は、レイテ島西側のセブ島におかれており、軍の関心はミンダナオ島を中心とするフィリピン南部に向けられていた。レイテ島に配備されていたのは第一六師団の一コ師団だ。レイテ島に敵が上陸すれば、ミンダナオ島のダバオにある第三〇師団主力とセブ島にある第一〇二師団の一部を送りこむ計画だった。しかし、国運をかけた地上決戦ともなれば、この兵力ではとても足りない。

そこでまず第三五軍の部隊をかり集め、つぎに第一四方面軍の直轄部隊、さらには関東軍などから抽出した部隊をレイテ島に送りこむこととなる。この陸海共同の輸送作戦は、「多号作戦と呼ばれ、九次にわたった。この成否こそがレイテ決戦の帰趨を決する。敵の圧倒的な航空優勢、潜水艦の脅威の下、マニラ港からレイテ島オルモックまで約八〇〇キロの海上輸送は、特攻そのものだった。方面軍司令官の山下奉文大将は、時間が許すかぎりマニラ港の埠頭に出向き、出撃する徴用船員、船舶兵一人ひとりと握手して激励、いつまでも敬礼して輸送船を見送っていたという。

連合軍がレイテ島に航空基地を造成し、陸上機が進出すると日本軍の海上輸送は絶望的となった。とくに悲惨だったのは、ルソン島中部にあった第二六師団の一部と補給品を満載した輸送船五隻からなる第三次輸送だった。途中、輸送船一隻が座礁して脱落したが、四隻は十一月十一日にオルモック湾に到着し、入泊しようとしたとき、戦爆連合三五〇機に襲われて輸送船は全没、護衛の駆逐艦四隻も沈没した。日本海軍最速、四〇ノット・オーバーの「島風」もここで沈没した一隻だった。

結局、レイテ地上決戦に投入された陸軍の総兵力は八万四〇〇〇人、終戦時の生存者は五〇〇〇人にみたない。この直接の損害はもとより、戦力を抽出されたため第一四方面軍のルソン島防衛構想が根底から崩れてしまい、フィリピン全体の失陥は不可避なものとなった。

フィリピンを失えば、南シナ海の航行は途絶し、南方資源の内地還送は止まり、戦争目的の「自存自衛」は達成不可能となる。このあたりから日本の戦争目的は、「皇土保衛」と「国体護持」に変わって行く。

40ノットの高速を誇った駆逐艦島風

最終局面への転換点となったレイテ決戦だが、どうして唐突に決戦となってしまったかと探れば、台湾沖航空戦の戦果判定が大間違いだったことにもとめられる。戦果を誤認したことがわかってからも、海軍は陸軍にそれを通報しなかったから、大本営陸軍部と南方軍総司令部は、レイテ島での決戦を指導した。フィリピン失陥の責任の多くは海軍にありとなる。もちろん海軍にも言い分はある。台湾沖航空戦での戦果誤認の責任は、陸軍にも一部にせよあるとするのも正しい。大戦果を嘉尚する勅語は、陸軍が働きかけて出されたもので、そのため戦果を修正することができなくなったというのも、当時の国体からして正しい見解だ。双方の言い分に正しい部分があるから話は複雑になる。

さらにまずいことに、第二艦隊の主力はレイテ湾に突入しなかった。十月二十日、第二艦隊がボルネオのブルネイ泊地に入ったが、その時の陣容は戦艦七隻、重巡洋艦一一隻、軽巡洋艦二隻、駆逐艦一九隻というものだった。このうち西村祥治中将が指揮する戦艦「山城」と「扶桑」の第二戦隊は、二十五日未明にスリガオ海峡からレイテ湾に突入、全滅した。栗田健男中将が指揮する主力は、まず二十三日、パラワン水道で潜水艦に襲撃されて重巡洋艦二隻喪失、一隻大破という損害を被った。二十四日、シブヤン海では史上空前の空襲にさらされて戦艦「武蔵」を失った。

どういう理由か、ここで第二艦隊は反転する。すると上空の米偵察機が去り、それを確認して再反転してレイテ湾を目指した。第二艦隊の反転を知った連合艦隊司令部は、再反転している第二艦隊に「天佑ヲ確信シ全軍突撃セヨ」と命令した。これが二十四日午後五時五十分だったという。さらに連合艦隊司令部は「連合艦隊電令作第三七二号ノ通リ突撃セヨ」と命令を繰り返し、これが午後七時四十五分だった。

そしてサンベルナルジノ海峡を抜けて太平洋に出た第二艦隊は、二十五日午前六時四十四分に米第七七–四護衛空母群の空母六隻、駆逐艦七隻と接触した。日本側はこれを正規空母部隊と誤認して追跡したが、結局は全滅させるにいたらないまま、九時十分に攻撃を打ち切り、航路をレイテ湾に向けた。レイテ湾にある米艦艇のマストが見えるというところまで進出したものの、午後零時三十分に第二艦隊は反転して戦場を去った。

この「謎の反転」は、さまざまな理由があってのことだろう。しかし、陸軍としては「最高の作戦任務の放棄」とするほかない。陸軍はこれから決死の覚悟で部隊をレイテ島に送りこもうとしているのだから、裏切られた思いから海軍に不信感をいだくのもしかたがないことだ。

◆意思統一なき沖縄決戦

マリアナ諸島、そしてフィリピンを確保した連合軍は、つぎはかならず沖縄に来攻すると、だれもが予想していたように語られている。地図を見ればそのとおりだ。しかし、防者の心理からすれば、そう理屈どおりになるものではない。あそこもあぶない、ここに来たらどうする、場所に関する奇襲は効果絶大と地図の上をさまようのが防勢に立たされた者の姿だ。その結果、重点を形成できなくなったり、考えすぎて奇襲されるということになりがちだ。戦線が大幅にせばまった昭和二十（一九四五）年に入っても、日本軍はこの傾向から抜けだせなかった。

昭和十九年十二月中旬、日本軍はレイテ島での地上決戦の継続を断念した。レイテ島で戦力を使いはたした第一四方面軍には、ルソン島での持久戦しか選択肢がなかった。結果的にはこの持久作戦は功を奏し、米陸軍の主力を昭和二十年七月初旬までルソン島に拘束することができた。しかし、昭和十九年末から二十年初頭には、第一四方面軍はルソン島でいつまで持久することができるかはわからない。マニラ湾とその周辺の航空基地群を押さえた連合軍は、すぐさまほかの正面に向かうこともありえる。

では、連合軍はどこに来攻するか。昭和十九年末ごろの予測は、陸海軍ともに東シナ海に頭を出すだろうといった漠然としたものだった。もちろん一六〇〇キロにわたる第一列島線のほぼ中間、上海まで九八〇キロの沖縄本島が狙われているとの予測がいちばん軍事的な合理性がある。これまでの経緯からして、連合軍は航空基地の推進を第一に考えているから、伊江島もふくめて航空基地が五コある沖縄本島がつぎなる目標だと読むのが普通だろう。ところがそこに前述した防者の心理が作用する。沖縄本島があぶないというならば、台湾もあぶない。台湾には航空基地が三九コある。良好な泊地と飛行場適地となると、平坦な宮古島も狙われる。実際、米海軍は宮古島に上陸して全島をひとつの航空基地にする構想だった。朝鮮海峡の重要性を考えれば、済州島へ来攻してもおかしくはない。そもそも大本営陸軍部は、沖縄本島よりも台湾を重視していたからこそ、沖縄に展開していた第九師団を抽出して台湾へ送り、その穴埋めに予定していた第八四師団の沖縄派遣を中止したわけだ。また、昭和二十年四月に入ってからのことだが、済州島に第五八軍を創設し、第九師団が引き抜かれるまえの沖縄本島の戦力と同じ三コ師団と独立混成旅団一コを張りつけた。実際に沖縄本島よりも優先したところがあったことになる。

水上艦艇をほとんど失っていた海軍は、振りまわしのきく航空部隊の運用だけを考えていればよかった。それでも、どこで決戦を挑むかについて、部内の意見は大きくわかれていた。

昭和二十年初頭、海軍が準備できた実戦機は八〇〇機だった。これでは航空決戦にならない。そこで、第一列島線のどこかを食い取られても、じっと我慢して戦力の増強につとめ、本土に来攻となった場面で全力を振り絞るのが上策だとする意見が有力だったとされる。しかし、宮崎、鹿屋から奄美大島、沖縄、宮古島、台湾へと航空基地が連なっている環境ならば、部隊運用が容易だから、第一列島線上で決戦すべきだという意見にまとまった。洋上飛行に不安が残る陸軍航空にとって、この航空基地の連鎖は好都合だから、ここに陸海軍の見解の一致を見た。

こうして昭和二十年三月一日、昭和二十年前半期における航空作戦に関する陸海軍中央協定が結ばれた。それまでと同様、陸海軍航空戦力の統合発揮が強調されたが、その実をあげるため航空部隊の最高指揮官は作戦中、同一の場所に位置することを本則とした。よい施策と思うが、沖縄決戦中に第六航空軍司令官の菅原道大中将と第五航空艦隊司令長官の宇垣纒中将が同じ場所で指揮したという話は聞いたことがない。書類の上ではよいことが並んでいるが、実際には実行されないのが陸海軍の協定だった。この両者の関係は、二系統の指揮による共同で律せられるが、海軍は機動部隊を、陸軍は上陸船団を主な目標とするとの役割分担を定めて指揮の混乱をふせごうとしていた。

沖縄決戦もレイテ決戦とおなじような形ではじまった。ただ、相手がラフで派手なウィリアム・ハルゼー大将から、タフで地味なレイモンド・スプルーアンス大将に代わったが、機動部隊指揮官は同じくマーク・ミッチャー中将だ。このトリオは、昭和十七年四月の東京初空襲の時から変わっていないとは考えさせられる。司令長官が交替したため、艦隊の呼称は第五艦隊、機動部隊は第五八機動部隊となる。その戦力はフィリピン進攻時よりも強力で、英海軍の空母四隻、戦艦二隻を主力とする第五七機動部隊で増強されていた。

空母ホーネットから発艦する艦載機

この大艦隊がウルシー環礁などから出撃したのは昭和二十年三月十四日で、日本側がこの動静をつかんだのは三月十七日だった。歴史に残る三月十日の東京大空襲から一週間、日本はまったく士気阻喪していたときだから、航空戦力を温存するため連合軍の艦隊に航空決戦を挑まない方針に傾いていた。ところが、第一線の鹿屋にあった第五航空艦隊司令長官の宇垣纒中将は、断固として攻撃を主張した。彼は連合艦隊参謀長というキャリアーもあるから大本営海軍部や連合艦隊司令部をリードした。海軍の伝統というべき、「見敵必撃」の「攻撃専一」の決断だった。問題はその戦果だ。

三月十八日早朝、両軍の交戦がはじまった。米機動部隊は、東は神戸から西は鹿屋まで、おもに瀬戸内海沿岸を叩いた。二十一日までの戦闘で第五航空艦隊を主力とする日本軍は、空母五隻、戦艦二隻、重巡洋艦一隻などを撃沈したと推定した。実際には空母フランクリン大破をふくむ空母五隻損傷だった。台湾沖航空戦ほどの誤判ではないものの、この推定した戦果からまた誤った結論を導きだした。連合軍の艦隊は、この損害によって進攻作戦を断念して帰還するだろうという都合のよい結論だ。このため、沖縄決戦の天号作戦をいつから発動するか混乱をまねくこととなる。

そもそも、沖縄決戦においては、陸軍と海軍、連合艦隊と第五航空艦隊、大本営陸軍部・参謀本部と現地の第一〇方面軍・第三二軍、このそれぞれのあいだに意見の相違があり、それが一本化されないまま戦闘がはじまってしまった。陸軍の念頭には、まず本土決戦がある。そのため、沖縄決戦とはいいながら、現地の第三二軍が持久して、本土決戦準備の時間を稼いでくれることを密かに期待している。本土決戦となれば、だれが見ても「陸主海従」になるから、海軍としては戦場が洋上にあるあいだに主役となって決戦したいという気持ちがある。そのような願望が海軍にあるから、まえに述べたように宇垣纒司令長官が先走ったわけだ。

具体的な作戦については、さらに意見がまとまらなくなる。ガ島戦以来の戦訓からすれば、連合軍が陸上に航空基地を確保したら勝負にならないことだ。連合軍が陸上機、さらには夜間戦闘機までを配備したならば、その時点で日本軍の敗北となる。連合軍は、サイパン戦では上陸五日目、硫黄島戦では上陸七日目に陸上機が進出している。そこで沖縄本島の場合、第三二軍が伊江島、北（読谷）、中（嘉手納）、南（港川）、小禄（海軍）の飛行場をかかえてしっかり守ってくれなければ、航空決戦の前提そのものが成りたたない。

しかし、第三二軍にはこの航空基地をかかえて戦うだけの戦力がない。第三二軍は昭和十九年三月に編成され、当初は三コ師団、一コ独立混成旅団という陣容だった。独立混成第四

巨大な46センチ主砲9門をそなえた大和の公試運転中の姿

四旅団で伊江島と本部半島をかため、第二四師団で北、中飛行場をかかえ、つづいて南へ第六二師団、第九師団と部隊を重畳して配備していた。ところが、十一月に入って第九師団を抽出して台湾に送ることとなり、しかも代わりの第八四師団の派遣も中止、これで第三二軍の作戦計画は根底から崩れた。結局、北、中飛行場以北を捨てて、本島南部をこぢんまりと守る形で連合軍の進攻を迎えることとなった。

連合軍の沖縄本島上陸は、昭和二十年四月一日だった。第三二軍は水際から海浜部ではほとんど抵抗しなかったため、北、中飛行場は上陸第一日で奪取された。なお、連合軍は上陸三日目から弾着観測機など軽飛行機が飛行場を使用しはじめ、七日目に陸上機が進出、八日目から輸送機による患者後送を開始している。

この事態は、第三二軍にとっては想定内だが、大本営、第一〇方面軍、連合艦隊など上級司令部にとっては予想外の出来事だった。敵がこれらの飛行場を本格的に使用しだすまえに、航空決戦を挑まなければならない。そこで四月五日から第三二軍が地上で反撃し、戦艦「大和」を突入させ、連合軍の航空戦力を分散させて航空総攻撃、海軍のいう「菊水」一号作戦決行となった。

ところが、第三二軍の高級参謀だった八原博通大佐は、すでに敵は師団砲兵を展開させており、この状況で陣地をでて攻撃することは自殺行為に等しいとする。しかし、大本営陸軍部や第一〇方面軍から厳命されたため、第三二軍が総攻撃の準備を進めていた四月四日の夜、本島南部の湊川正面に敵上陸船団接近との急報が入ったため、五日の攻撃は中止された。七日には南飛行場付近、牧港への上陸かとも思われ、総攻撃の準備もままならなかった。

四月六日から十一日までの海軍による「菊水」一号作戦、陸軍の第一次航空総攻撃で合わせて三〇〇機以上の特攻機を投入した。さらには国宝ともいえる戦艦「大和」まで出撃させて、四月七日に沈没した。にもかかわらず、現地の第三二軍はなにをしているのかとの声があがる。第三二軍が作戦を中止した理由は正当なものにしろ、海軍はこれだけの犠牲をはらっているのだ、陸軍の姿勢は納得できないとするのも無理からぬことだ。そこで大本営陸軍部と第一〇方面軍司令部は、それまで以上に第三二軍への統制を強めることとなり、四月十二日からの「菊水」二号作戦に協力するため出撃を求めた。

ここでまた八原博通高級参謀は抵抗して、出撃する兵力を歩兵大隊五コに限定した。ただし、砲兵火力の発揮は最大限なものとした。四月十二日午後七時、第三二軍は攻撃準備射撃を開始し、このひと晩で三〇〇〇発を敵陣に撃ちこんだ。それでも敵陣地に取りつくことができず、一〇〇〇人以上が死傷して攻撃は頓挫した。八原大佐の持論、「大火力を有する敵に向かって陣地からでることは自殺行為」が証明されたことになる。その一方で、全力を傾注していれば、あるいは成功していたのではないかという見方もでてくる。

第三二軍がこだわった戦略的に持久して全軍を利するというのは、正論でありかつ聞こえもよい。しかし、毎日一〇〇メートルずつ蚕食されている島嶼の戦いでは、それほど大きな意味のあることかとの疑問も生まれる。本土からは波状的に特攻が行なわれている戦況のなかで、自分だけ戦力を温存する戦い方をする姿勢は批判を浴びる。そこで大本営陸軍部と第一〇方面軍は、五月四日から予定されている「菊水」五号作戦に呼応して、全力で攻勢にでるよう第三二軍に命じた。それでもなお八原博通高級参謀は自説にこだわったが、軍司令官の牛島満中将に、「君は司令部の空気を暗くする」とたしなめられ、総攻撃の計画立案をすすめた。

五月四日の薄明時、第三二軍は全砲兵火力を発揮し、敵陣に一万発以上を撃ちこんで攻撃を開始した。これが野戦における日本陸軍最大の砲撃となった。しかし、それでも敵陣は崩れず、主力となった第二四師団は三分の二もの戦力を失い、砲兵弾薬も大半を射耗し、それからの作戦を困難なものにした。第三二軍による総攻撃

日本軍のトーチカを攻撃する米上陸軍

の結果を見て陸軍中央部は、沖縄での決戦を諦めて持久に転じ、本土決戦準備の時間を稼ぐ構想に転じた。五月末に陸軍は沖縄決戦の「天」号作戦を打ちきり、本土決戦の「決」号作戦に移行した。ところが、海軍は沖縄決戦に執着し、六月いっぱいまで「菊水」作戦を続行した。沖縄決戦では、最初から最後まで陸海軍の意思が統一されなかったことになる。

沖縄決戦に投入された日本軍機の延べ機数は、海軍機五六〇〇機（うち特攻機一四〇〇機）、陸軍機二二〇〇機（うち特攻機一〇〇〇機）と記録されている。洋上の作戦が主体だから海軍機が多くなるのは自然だ。ところが、そこが海軍にとって不満だった。陸軍は決戦の「天」号作戦とはいいながら、じつは本土決戦のため航空戦力を温存していると海軍は見ていた。しかも、最精鋭は投入していないとも批判していた。

これについては、陸軍にも言い分があった。本土防空の全般的な責任を負っている陸軍としては、沖縄だけに戦力を向けるわけにはいかない。とくに高練度の戦闘機搭乗員は、帝都防空にあてなければならない。その点、海軍は軍港の防空だけだから、沖縄に多くを回せる。また、海軍は全力を沖縄に集中しているようにいうが、じつは高練度の搭乗員、とくに海軍兵学校出身者を温存していると陰で批判する。こうなるともはや感情論であり、それが陸海軍の確執に拍車をかける。このような論争に終止符を打つのは、敗戦しかないとの結論になる。

◆陸海軍統合への模索

これまで陸軍と海軍の相克ばかりに目を向けてきたきらいがあることは、十分に承知している。しかし、どこの社会にも良識派はいるもので、なんとか陸軍と海軍の関係を良好なものにして、戦力の統合発揮をはかりたいものだという動きがあったことも事実だ。それも話だけでなく、具体的なプランを示して上司を口説いた人や部局もあったし、トップダウンで機構改革を断行しようとしたケースもあったかに聞く。この多くは形にならなかったため、記録として残らず不明な点が多い。

昭和十八年の夏、ガ島戦の敗退を深く反省した大本営の中堅幕僚のあいだから、大本営そのものを陸海軍統合の形に改組しようという動きが生まれた。その中心は、臨時第一一航空艦隊参謀から軍令部第一部第一課（作戦課）部員に異動した源田実中佐、第五軍参謀から参謀本部第一部第二課（作戦課）に異動した瀬島龍三少佐の二人で、ともに大本営参謀を兼務している。昭和三十年代の次期戦闘機選定にまつわるロッキード・グラマン空中戦のことを思えば、まったく妙な取り合わせだ。戦後の話はともかく、この二人が打ちだした大本営改組案はなかなか斬新的で、概要は［表18］の通りとなる。

この提唱の主眼は、参謀総長と軍令部総長が横並びの大本営を改組して、ひとりの幕僚部総長のもとに陸海軍の幕僚部次長とそれぞれに直属の幕僚を配するというものだった。これは斬新的と思われようが、ようするに［表2］の日清戦争当時の大本営に立ちもどるということだ。目新しいところは、陸海軍二本立ての組織を一元化し、その中身は機能別とし、要員も班から陸海混成とした点だ。たとえば第一部第一課の陸上作戦班は陸軍だけ、潜水艦作

［表18］ **大本営統合幕僚部編制案**

幕僚部部長
幕僚部次長
高級幕僚

戦争指導部
第1部（国防用兵）
　第1課（作戦全般）
　　綜合作戦班（国防用兵の大綱、国軍軍備、建制、編制の基本に関する事項）
　　航空作戦班（航空作戦、海上作戦、航空及海上部隊編制の基本）
　　陸上作戦班（陸上作戦、陸上部隊編制の基本）
　　交通破壊作戦班（潜水艦作戦、潜水部隊編制の基本）
　　補給班（補給及輸送作戦の大綱）
　　通信班（通信計画、情報）
　第2課（内戦作戦、占領地を含む防備計画、防備作戦）
　　国土防空班／陸上防備班／海面防備班
　第3課（教育訓練、編制制度）
　　教育班／制度班
第2部（軍備）
　部直属（綜合軍備企画）
　第4課（航空及艦船関係軍備戦備）
　第5課（陸戦関係軍備及編制）
　第7課（通信関係軍備戦備）
　第8課（物的総動員）／第9課（人的総動員）
第3部（輸送補給及交通保護）
　第10課（海上交通保護）／第11課（海上輸送補給）
　第12課（鉄道輸送）
第4部（情報）
　部直属（情勢判断、宣伝謀略）
　第13課（対米情報）／第14課（対英情報）
　第15課（対ソ情報）／第16課（対中情報）
第5部（通信）
　第17課（暗号関係）／第18課（通信諜報）
　研究部　報道部　在外機関　副官部

＊『辮山河』196頁より

戦主体の交通破壊作戦班は海軍だけでなく、どちらも陸海混成とした。この改組案は、海軍大学校研究部と参謀本部第一課（教育課）の意見も仰いで成案ができた。

こうなると、大本営はどこか一ヵ所にまとまる必要がある。建物からして陸軍部のある市ケ谷に集めればよいが、海軍は納得するはずはない。海軍部のある霞ケ関の海軍省の二階には収まらない。そこで国会議事堂を借り受けたらどうかとなった。ここならば双方の面目も立ち、大本営の権威も高まり、とにかく十分な広さがある。この話が決まったとしても、すぐに重臣が動いて宮中を巻き込み、国会議事堂借り上げ案は廃案に追い込まれたはずだ。もし、国会議事堂に大本営が入ったとすれば、昭和二十年に精密爆撃が加えられて破壊されただろう。

この大本営改組案は、すぐに大本営陸軍部、参謀本部、陸軍省の賛同をえた。陸軍としては日清戦争当時の大本営に改組することに反対するはずがない。ただ東條英機大将は、首相の立場もあってか、海軍の意向を確認してから話を進めるようにとの留保条件はつけたものの、まえ向きに検討すると確約した。

海軍大学校も関与した話だから、軍令部第一課長の山本親雄大佐はすぐに賛意を示し、この案件を第一部長の中沢佑少将、軍令部総長の永野修身にあげて、原則賛成との答えをえた。ただ、永野大将は「陸軍のことも、海軍のこともわかる人がいるのかね」と幕僚部総長の人選を問題にした。そして話が海軍省に伝わると、嶋田繁太郎海相、沢本頼雄次官、岡敬純軍務局長以下全員、「絶対反対」ということだった。理由は簡単、「陸軍は海軍を飲みこむつもりか」だった。

大本営の中でその改組案が論議されていたころ、軍需生産の一本化をはかろうという話が形になりだした。緒戦の進攻作戦が成功して、南方の宝の山を手に入れて、急に「持たざる国」から「持てる国」となったため、だれも気が大きくなっていた。そこに起きたのがソロモン諸島をめぐっての消耗戦で、陸海軍は船腹、兵器、資材、燃料の激烈な獲得合戦を演じていた。そこではたと気がつくことは、宝の山に座っているだけでは戦力にならないことだ。資源を本土に還送して、効率よく戦力化する方策が考えられた。そのため企画院と商工省を廃止して、軍需省をもうけることとなり、昭和十八年十一月に実現した。初代の軍需相は東條英機首相の兼務、次官は商工相だった岸信介となった。

とくに緊急を要する航空機の生産は、軍需省航空兵器総局で一括して促進することとなった。その局長には陸軍航空本部総務部長の遠藤三郎中将となった。海軍がよくぞポストを譲ったものだと思うが、総務局長には海軍航空本部総務部長の大西瀧治郎中将となった。［表19］の職員表の通り、どの部署でも陸海対等、ポストをわけあわなければならなかった。そもそも採算という観念が皆無、バランスシートもよく読めない軍人に、巨大な軍需生産を管理できるのかと思うが、軍人を多く入れるところにも軍需省創設の隠された目的があったように思われる。

戦前においても高級文官の任免は厄介で、進退伺いをもとめたり、更迭理由の開示などが必要だった。閣僚に辞表の提出を求めても拒否されて、内閣総辞職しか方法がない場合すら

［表19］ **軍需省主要職員表**（昭和18年11月現在）

- 総動員局長＝椎名悦三郎（文官）
  - 総務部長＝石川信吾（海軍少将）
  - 動員部長＝高橋明達（文官）
  - 監理部長＝渡邊渡（陸軍少将）
- 航空兵器総局長官＝遠藤三郎（陸軍中将）
  - 総務局長＝大西瀧次郎（海軍中将）
  - 第1局長＝原田貞憲（陸軍少将）［機体、発動機］
  - 第2局長＝多田力三（海軍少将）［関連兵器機材］
  - 第3局長＝久保田芳雄（海軍少将）［資材］
  - 第4局長＝太田輝（陸軍主計少将）［調弁、事務］
- 機械局長＝美濃部洋次（文官）
- 鉄鋼局長＝美奈川武保（海軍少将）
- 軽金属局長＝中西貞喜（陸軍少将）
- 非鉄金属局長＝加賀山一（文官）
- 化学局長＝津田廣（文官）
- 燃料局長＝菱沼勇（文官）
  - 石油部長＝山口眞澄（海軍少将）
  - 石炭部長＝山口六平（文官）
  - 酒精部長＝星野勘六（文官）
- 電力局長＝塩原時三郎（文官）

戦史叢書『陸軍軍需動員2』

あった。ところが武官の人事はストレートで、クビ同然の転役いわゆる予備役編入も簡単にできるし、その逆の即日召集も容易にできる。そして、その強力な人事権は、閣僚の陸軍大臣と海軍大臣が握っている。

そこで軍需省に多くの武官を配置すれば、政府は軍部大臣を通して人事権を武器に統制すれば、無秩序な資源の分捕り合戦もおさまると考えたのではなかろうか。ところが、作戦上の要請だからとでられると、それにしたがわざるをえなくなる。そうしないと統帥権の干犯と話はおおごとになってしまう。結局は大本営の陸軍部と海軍部の関係から是正しなければ、軍需生産の問題も解決しないということになる。

昭和十九年二月十七日、トラック大空襲によって十八年九月策定の絶対国防権構想が崩れだした。この危機的な情勢のもと、首相で陸相の東條英機大将は参謀総長に就任し、海相の嶋田繁太郎も軍令部総長となった。世間はこれを東條幕府と呼び、理屈の多い向きは憲法上の疑義を指摘した。統帥問題に政治が関与し、統帥権の独立が確保できないとの批判だ。東條大将の真意は、資源や資材の配分について参謀本部と軍令部が政府や陸軍省、海軍省を批判することは問題とし、これを根絶するために軍政と軍令を一元化したと説明されている。

さらに深く読むと、おそらく究極的には陸海軍の統合にあったのではないか。陸軍では、参謀総長の地位が陸相よりも上という意識があるから、統帥部を押さえるには参謀総長になる必要がある。海軍は逆に海相の権威が高いが、それが軍令部総長のポストを得れば絶対の存在になる。そして首相の権限をもって海相を統制すれば、結果的に海軍の統帥部もコントロールすることとなる。そこに真の陸海軍統合が生まれると東條英機大将は考えたのではなかろうか。

東條英機内閣はサイパン失陥を契機として昭和十九年七月に総辞職となり、軍政と軍令の人事面での一元化も解消した。では、この五ヵ月間、陸軍と海軍の関係は円滑だったのかと年表を見ると、けっしてそうではなかった。嶋田繁太郎大将への風あたりは強く、海軍部内では「彼は陸軍に丸めこまれている。東條の副官だ」とまでこきおろされた。トップ同士が握手したからといって、それがすぐさま末端まで浸透するほど、陸海軍確執の根は浅くない。

昭和二十年一月に入ると、連合軍はルソン島に上陸を開始し、本土決戦も現実の問題になりつつあった。根本的に陸軍と海軍が統合した作戦計画を描かれなければ、本土決戦は成りたたない。そこで昭和二十年一月二十日に決定したのが『帝国陸海軍作戦計画大綱』であり、なんとこれが日本陸海軍が共通の作戦計画を策定した最初であった。

この『帝国陸海軍作戦計画大綱』の方針は、「帝国陸海軍ハ重点ヲ主敵米軍ノ進攻破摧ニ指向シ、敵戦力ヲ撃破シテ戦争遂行上ノ要域ヲ確保シテ以テ敵ノ戦意ヲ挫キ戦争目的ノ達成ヲ図ル」となっていた。ここでいう戦争目的だが、

阿南惟幾

マニラ湾に連合軍が入れば、南方資源の内地還送は途絶するから、当初の戦争目的「自存自衛」は無理となり、「皇土保衛」「国体護持」に移りつつあった。そして陸海軍の統合については、その大綱の四で「来攻米軍ニ対シ陸海特ニ其ノ航空戦力ヲ綜合発揮シ、敵戦力ヲ撃破シ、其ノ進攻企図ヲ破摧ス」とある。

二月から三月にかけて、この大綱に沿って陸軍と海軍は協議を重ね、かなり踏み込んだ統合プランが生まれた。陸軍側の主張は、すみやかな陸海軍合同で、まずは航空の一本化をはかるが、洋上目標に対する作戦が主体となるから、陸軍の航空戦力をすべて海軍の指揮下にさしだすとまで提案した。

昭和十九年十二月から航空総監だった阿南惟幾大将は、「明日にも自分が日吉台（横浜にあった連合艦隊司令部所在地、現在の慶応大学）に出向き、豊田（副武）と話をつける」とまで語っていた。豊田副武大将の陸軍嫌いは有名だが、阿南は竹田、豊田は杵築と共に大分県

出身の顔見知りだから、穏やかに話ができる関係にある。ところが海軍側が航空の一本化に同意しないから、このトップ会談がセットできない。海軍の主張によれば、大本営の陸軍部と海軍部の合同が先で、そのためにまず同じ場所、できれば宮中で一緒に勤務しようと提案してきた。

それならばと陸軍側は、大本営総長（統合幕僚長）のポストをもうけて、そのしたに陸軍部幕僚長と海軍部幕僚長を並列させる大本営改組案を作成した。軍事参議官の朝香宮鳩彦大将の出馬を願って、この改組案を海軍側に提示した。このとき、陸軍部幕僚長には華中の第六方面軍司令官だった岡部直三郎大将をあてることまで決めていた。大本営総長をだれにするか明らかになっていないが、おそらく皇族にするとの考えだったのだろう。

権威ある皇族の提案なのに、海軍側はほとんど聞く耳をもたず、米内光政海相は即座に反対であると朝香宮鳩彦大将に伝えた。つづいて参謀次長の秦彦三郎中将と軍令部次長の伊藤整一中将、さらには杉山元陸相と米内海相とが協議したが、妥協点は見いだせなかった。結局、三月三日の御前会議で正式にこの大本営改組案は葬り去られた。なぜ、米内海相は意地になって陸軍案に反対したのか。海軍が陸軍に飲みこまれることを恐れたのだろう。ただ、ポツダム宣言受諾までの米内大将の動きを好意的に見るならば、陸軍の意向を受け入れれば、終戦の糸口が失われ、本土決戦になって

伊藤整一

しまうと考えたからだとなるだろう。

しかし、これは沖縄決戦のまえの出来事だから、米内光政海相を中心とするグループにそこまでの見通しがあったのか、はなはだ疑問だ。やはりレイテ決戦で水上戦力の多くを失った海軍としては、陸軍に飲みこまれることを極力警戒し、陸軍の提案はなんであれ、すべて反対という姿勢を取らざるをえなかったと見るのが自然だろう。

陸軍側が提案した大本営改組案が廃案になった代わりという意味なのか、昭和二十年三月十六日から小磯国昭首相は大本営の議に列席し、作戦計画などの機密事項を知る立場となり、かつ意見を述べる権能を持つこととなった。東條英機政権末期のような形となったものの、小磯は陸相にならなかったので、大本営をリードするまでにはいたらなかった。そこで小磯は現役に復帰して陸相のポストを求めたが、陸軍部内の反対が強く、陸相にならないまま四月五日に小磯内閣は総辞職となった。

後継首班は、元侍従長、前枢密院議長の鈴木貫太郎海軍大将となった。ここで海軍の登板かと警戒心を強めた陸軍は、後任陸相を推挙するにあたり、つぎのようなかなり強い調子の要望を突きつけた。
一、あくまで大東亜戦争を完遂すること
二、つとめて陸海軍一体化の実現を期し得る内閣を組織すること
三、本土決戦必勝のため、陸軍の企図する施策を具体的に躊躇なく実行すること

本土決戦を前提とした要望で、とくに陸海軍の一体化を強調した内容だから、内閣首班として、また海軍出身者として一言あると思いきや、鈴木貫太郎は杉山元陸相の説明を聞くとすぐに賛意を示した。そこで陸軍は、航空総監の阿南惟幾大将を次期陸相に推挙した。阿南は昭和四年から侍従武官をつとめており、そのときの侍従長は鈴木だから、これは名人事と評判もよく、鈴木内閣の組閣も円滑に進んだ。

さて、ここで首相と陸軍の約束、陸海軍の一体化をどう実現するかだ。四月末、陸海軍の首脳が協議したが結論がでない。五月に入って海軍次官の井上成美中将は、次官会議で首相を議長とする最高幕僚府なるものを提案した。陸軍が考えている大本営総長の代わりに、退役海軍大将の首相を統帥部の頂点にすえようというものだ。それでは、これまでつねに問題となってきた、軍政と軍令の混交ではないか、さらには政治と軍事の関係を混乱させるものだと陸軍側が反発する。ここで結局、陸軍と海軍の統合問題は、振りだしにもどることとなった。

そして大詰め、一九四五年七月二十六日にだされたポツダム宣言を受諾するかどうかの決心となる。八月九日から十日にかけての御前会議で、受諾賛成が東郷茂徳外相、米内光政海相、平沼騏一郎枢密院議長、受諾反対が阿南惟幾陸相、豊田副武軍令部総長、梅津美治郎参謀総長と三対三の賛否同数となった。

本来ならば鈴木貫太郎首相がどちらかに立って多数決となるはずが、鈴木首相はゲタを天皇にあずけた。そして天皇はポツダム宣言受諾とし、これで無条件降伏となった。まさに最後の場面で、日本における戦争指導のあるべき姿が形になったわけだ。しかし、その背後には三〇〇万もの死があったことに思いをいたすとき、なんとも割り切れない気持ちにさせられる。

終章にかえて　誕生した統合士官学校

連合国の日本占領政策は、間接統治の形をとったためか、寛容なものだったように思われている。しかし、その実態はかなり厳しいもので、陰険で基本的人権を蹂躙した個人への攻撃もあった。それが「公職追放」だ。昭和二十一（一九四六）年一月四日、GHQ（連合国軍総司令部）は、「超国家主義団体の解散」を内容とする「公務従事に適せざる者の公職からの除去」との覚書を発した。これを受けて日本政府は、二月二十八日に勅令（ポツダム宣言に基づく勅令でポツダム勅令と呼ばれる）で、「就職禁止、退官、退職に関する件」を公布した。

これによって、戦争犯罪人のA項から戦争協力者のG項までの該当者が公職から追放されることとなった。その多くの定義は漠然としたもので、言い逃れができたり、当局の恣意に左右されるものだった。しかし、B項だけは逃げ隠れできない。すなわち公職追放B項とは、「大本営、参謀本部、軍令部の要員、正規将校と特別志願予備将校、憲兵隊、海軍保安隊、特務機関などの武官及び兵または軍属、陸軍省と海軍省の勅任官以上」となっていた。最終的に公職追放の対象となったのは約二〇万人、そのうちなんと一八万人がこのB項該当者ということになった。昭和二十五年五月、陸士五八期生、海兵七四期生の三〇〇〇人を皮切りに、二十六年八月から十月にかけて六次にわたって旧軍人の追放が解除され、同年十一月二十九日に公職追放解除法が公布された。

さて、日本再軍備のはじまりは、昭和二十五年七月八日のマッカーサー書簡だが、まだ公職追放中だから、すくなくとも表面的にはいっさい旧陸海軍の軍人は関与していないことになる。警察予備隊の創設を主導したのは、昭和二十二年末に解体された内務省の文官、とくに警察官僚だった。そのためか、当初の警察予備隊という名称はさておき、内向きな警察色が濃い武力集団となり、その問題点は今日なお払拭できないでいると指摘する人も多い。

しかし、もちろん旧軍人が関与しなかったことがよかった面もあることを忘れてはいけないだろう。再軍備の実務に携わった者は、旧陸軍と海軍の確執などと関係はないし、軍隊というものにかんする固定観念もないため、革新的な施策を打ち出すことができた。そのひとつが、陸海空の幹部要員を一ヵ所で教育している防衛大学校だ。陸海空が統合された士官学校とは、おそらく世界でここだけだろう。

日本が主権を回復した直後の昭和二十七年一月、吉田茂首相の指示で幹部養成機関を設置することとなり、二月に当局は陸海合同の学校という方針を示した。旧陸海軍の軍人では、まずできない発想だ。米軍当局も、そんなものができるのかと訝ったといわれる。しかし、旧軍のような陸海軍の対立を生まないためには、これしかないと強行することとなった。

防衛大学校の学生の冬制服は、往時の海兵タイプのもので、学校も横須賀におかれたため、旧海軍の関係者は歓迎したようだ。しかし、旧陸軍の関係者は冬制服には違和感を示し、さらに海軍伝統の棒倒しには「危ないことを候補生にやらせるとは野蛮だ」と語るとは面白い反応だ。しかし、当初は公職追放の身のうえ、晴れて追放解除になっても、敗戦という負い目があるので大きな声をあげられない。

人情話というか浪花節というか、「同じ釜の飯を食べて育てば、先行きも仲良くするだろう」という考え方で、すでに半世紀やってきた。そして実際、災害派遣などで陸海空の自衛官が顔をあわせる機会があると、「ヤー」「オー」とやれて万事都合よく運ぶとの話もよく耳にする。そのような思潮が成熟したからこそ、平成十八（二〇〇六）年三月に統合幕僚監部が創設され、自衛隊の統合運営がはじまったのだろう。日本軍建軍からほぼ一三〇年後の出来事だった。

文庫化するにあたり

二〇〇九年に月刊「丸」に連載していただいたものを単行本にまとめてもらえた。月刊誌だからと、一話完結を心掛けたため、書き込み不足・特に海軍側の立場に言及する部分が少ないと感じていた。単行本にしていただくお話があった時、これらを補完すべきだったが、時間がないなどと理由をつけてそのままで出版となり、内心忸怩たるものがあった。そしてこのたび、より広い読者の方に手にとってもらえる文庫化のお話しをいただいた。それはありがたいこと、ぜひとも加筆しなければと作業した結果がこの文庫となる。

陸海確執の芽を秘めている事柄、教義（ドクトリン）の違い、戦時と平時における対立関係などを加筆してみた。とくに陸軍が上陸用舟艇から輸送用の潜水艦まで独自に設計して製造しなければならなかった事情などもまとめてみた。さらに陸海の軍人が互いに相手をどう見ていたかについても探ってみた。

末筆になったが、いつもながら丁寧な編集をしていただいたNF文庫編集部の藤井利郎氏、小野塚康弘氏に深謝申し上げたい。

二〇一九年二月

藤井非三四

主要参考文献

桑木崇明 『陸軍五十年史』 鱒書房
佐藤市郎 『海軍五十年史』 鱒書房
服部卓四郎 『大東亜戦争全史』 鱒書房
西浦進 『昭和陸軍秘録』 日本経済新聞出版社
福留繁 『海軍の反省』 日本出版協同株式会社
高木惣吉 『聯合艦隊始末記』 文藝春秋新社
海軍有終会編 『帝国海軍史要』 海軍有終会
外務省編纂 『終戦史録』 新聞月鑑社
防衛庁戦史室編 『戦史叢書』関係各巻 朝雲新聞社

本書は平成二十二年五月、光人社刊『なぜ日本陸海軍は共同して戦えなかったのか』に加筆、補正、改題しました。

NF文庫

なぜ日本陸海軍は
共に戦えなかったのか

二〇一九年四月十九日　第一刷発行
著　者　藤井非三四
発行者　皆川豪志
発行所　株式会社　潮書房光人新社
〒100-8077　東京都千代田区大手町一-七-二
電話／〇三-六二八一-九八九一(代)
印刷・製本　凸版印刷株式会社
定価はカバーに表示してあります
乱丁・落丁のものはお取りかえ
致します。本文は中性紙を使用

ISBN978-4-7698-3113-6　C0195
http://www.kojinsha.co.jp

NF文庫

刊行のことば

第二次世界大戦の戦火が熄んで五〇年——その間、小社は夥しい数の戦争の記録を渉猟し、発掘し、常に公正なる立場を貫いて書誌とし、大方の絶讃を博して今日に及ぶが、その源は、散華された世代への熱き思い入れであり、同時に、その記録を誌して平和の礎とし、後世に伝えんとするにある。

小社の出版物は、戦記、伝記、文学、エッセイ、写真集、その他、すでに一、〇〇〇点を越え、加えて戦後五〇年になんなんとするを契機として、「光人社NF(ノンフィクション)文庫」を創刊して、読者諸賢の熱烈要望におこたえする次第である。人生のバイブルとして、心弱きときの活性の糧として、散華の世代からの感動の肉声に、あなたもぜひ、耳を傾けて下さい。

＊潮書房光人新社が贈る勇気と感動を伝える人生のバイブル＊

ＮＦ文庫

ソロモン海の戦闘旗　空母瑞鶴戦史［ソロモン攻防篇］
森　史朗
日本海軍参謀の頭脳集団と攻撃的な米海軍提督ハルゼーとの手に汗握る戦いを描く。ソロモンに繰り広げられた海空戦の醍醐味。

日本海軍潜水艦百物語　ホランド型から潜高小型まで水中兵器アンソロジー
勝目純也
毀誉褒貶なかばする日本潜水艦の実態を、さまざまな角度から捉える。潜水艦戦史に関する逸話や史実をまとめたエピソード集。

最強部隊入門　兵力の運用徹底研究
藤井久ほか
恐るべき「無敵部隊」の条件──兵力を集中配備し、圧倒的な攻撃力を発揮、つねに戦場を支配した強力部隊を詳解する話題作。

証言・南樺太　最後の十七日間　知られざる本土決戦　悲劇の記憶
藤村建雄
昭和二十年、樺太南部で戦われた日ソ戦の悲劇。住民たちの必死の脱出行と避難民を守らんとした日本軍部隊の戦いを再現する。

激戦ニューギニア　下士官兵から見た戦場
白水清治
愚将のもとで密林にむなしく朽ち果てた、一五万兵士の無念を伝える憤怒の戦場報告──東部ニューギニア最前線、驚愕の真実。

軍艦と砲塔　砲煙の陰に秘められた高度な機能と流麗なスタイル
新見志郎
多連装砲に砲弾と装薬を艦底からはこび込む複雑な給弾システムを図説。砲塔の進化と重厚な構造を描く。図版・写真一二〇点。